人水和谐论及其应用

左其亭 编著

中国水利水电出版社
www.waterpub.com.cn
·北京·

内 容 提 要

　　本书是笔者自 2005 年以来对人水和谐问题研究的总结，包括四篇十五章。第一篇为导论，介绍了人水和谐的有关概念及人类认识的变化、人水关系研究基础、和谐论理论方法及应用、人水和谐论的提出及研究展望；第二篇为理论体系，介绍了人水和谐理论方法及应用体系、人水和谐论五要素及和谐度方程、人水和谐平衡理论，构建了人水和谐论理论方法及应用体系框架；第三篇为方法论，介绍了人水和谐辨识、和谐评估、和谐调控三方面的核心方法；第四篇为应用实践，介绍了人水和谐论的几方面应用实例。本书从理论基础、基本理念到理论体系、量化研究方法再到应用实践，全面介绍了人水和谐论的主要内容，为人水系统的和谐问题研究提供了定量化方法，可广泛应用于人水关系以及水问题的研究，具有重要的理论意义和应用价值。

　　本书可供水科学、资源学、环境学、社会学、经济学以及系统科学等领域的科研工作者、管理者、在校研究生，以及企事业单位工作人员参考。

图书在版编目（C I P）数据

人水和谐论及其应用 / 左其亭编著. -- 北京 ： 中
国水利水电出版社，2020.7
　ISBN 978-7-5170-8714-4

　Ⅰ．①人… Ⅱ．①左… Ⅲ．①水环境－文集②水资源
－文集 Ⅳ．①X143-53②TV211.1-53

中国版本图书馆CIP数据核字(2020)第131892号

书　　　名	**人水和谐论及其应用** REN-SHUI HEXIE LUN JI QI YINGYONG
作　　　者	左其亭　编著
出 版 发 行	中国水利水电出版社 （北京市海淀区玉渊潭南路 1 号 D 座　100038） 网址：www.waterpub.com.cn E-mail：sales@waterpub.com.cn 电话：(010) 68367658（营销中心）
经　　　售	北京科水图书销售中心（零售） 电话：(010) 88383994、63202643、68545874 全国各地新华书店和相关出版物销售网点
排　　　版	中国水利水电出版社微机排版中心
印　　　刷	北京瑞斯通印务发展有限公司
规　　　格	184mm×260mm　16 开本　11.75 印张　286 千字
版　　　次	2020 年 7 月第 1 版　2020 年 7 月第 1 次印刷
印　　　数	0001—1500 册
定　　　价	**49.00 元**

前言

　　翻开历史，无论是研究人类社会产生和发展、不同文明阶段演变过程，还是介绍人类认识和改造自然的历程，都离不开与水的联系。实际上，人类的产生与水有关，人类的发展从来都离不开与水打交道，人水关系是永恒的、不可逾越的一种最基本关系。研究人水关系也可以追溯到很久以前，从人类认识洪水过程、开发利用水资源开始就在探索人水关系，当然，这一漫长阶段只能算上是人水关系研究的萌芽阶段。人类发展史，也是一部治水史，同样也是一部探索人水关系的历史。关于人水和谐思想的产生也可以追溯到人类历史早期。在古代就有追求人与自然和谐相处的思想，比如，孔子倡导的"和为贵"，春秋战国时期诸子百家强调的"天人调谐"，都江堰建设崇尚的"顺应自然、趋利避害"，西汉贾让提出的著名的治河三策的上策"给洪水以出路"。

　　当然，把"人水和谐"作为一国治水主导思想，始于21世纪初。2001年，人水和谐思想被纳入我国水利部门的治水主导思想。2004年，中国水周的活动主题为"人水和谐"。真正开始研究人水和谐理论及应用也始于21世纪初期。笔者从2005年开始研究人水和谐问题，于2006年首次提出人水和谐量化理论及应用研究框架，2009年首次提出人水和谐论，同年出版《人水和谐量化研究方法及应用》一书，全面阐述了人水和谐量化研究方法及应用研究成果。2009年首次提出和谐论的数学描述方法，从而奠定和谐问题的数学基础，又经过两年多的研究，继而系统提出了和谐论理论方法体系，2012年出版了第一本以和谐论量化研究为主要特色的专著《和谐论：理论·方法·应用》（2016年再版）。多年来，在人水和谐论研究方面，笔者主持完成多项研究课题，培养40多位研究生，发表百余篇相关论文。本书是笔者所带团队相关研究成果的系统总结，具体包含以下四篇十五章内容。

　　第一篇为导论，包括第一～第四章，是人水和谐论及其应用的基础知识。第一章介绍人水和谐论的研究对象（人水系统）及相关概念，阐述人水关系的演变及人类认识的变化；第二章介绍人水关系的研究基础，阐述人水关系作用机制、典型案例以及模拟研究；第三章介绍人水和谐论的理论基础——和谐论理论方法及应用，阐述人水关系研究应用和谐论的必要性及主要内容；第四章介绍人水和谐论的提出背景、进展及展望。

第二篇为理论体系，包括第五～第八章，是对人水和谐论理论体系的系统总结。第五章介绍人水和谐论理论方法及应用体系，第六章介绍人水和谐论的基本原理、主要论点与判别准则，第七章介绍人水关系的和谐论五要素及和谐度方程，第八章介绍人水和谐平衡理论。

第三篇为方法论，包括第九～第十一章，是对人水和谐论中具体方法的系统总结。第九章介绍人水和谐辨识方法，第十章介绍人水和谐评估方法，第十一章介绍人水和谐调控方法。

第四篇为应用实践，包括第十二～第十五章，分别介绍人水和谐论的几个应用实践。

本书的研究工作得到了国家自然科学基金（编号：U1803241、51779230、51279183、51079132、50679075）、国家社会科学基金重大项目（编号：12&ZD215）等多个研究课题的资助和支持，是我所带研究团队的集体成果。特别要感谢多年来笔者指导的硕士和博士研究生，他们为本书的很多实例研究和相关研究做出了富有成效的工作。他们分别是张云、丁相毅、贾洪涛、王丽、马兴华、沈强、林平、翟家齐、胡瑞、赵春霞、高洋洋、涂莹、庞莹莹、关锋、郭丽君、梁静静、陈耀斌、刘子辉、李冬锋、陶洁、李来山、张修宇、毛翠翠、崔国韬、许云锋、梁士奎、赵衡、陈豪、魏钰洁、刘军辉、李可任、王园欣、杨树红、张志强、杨会明、臧超、靳润芳、刘静、罗增良、郭唯、宋梦林、刘欢、韩春辉、石永强、史树洁、王亚迪、纪璎芯、王妍、韩春华、郝林钢、王豪杰、王鑫、李佳璐、李东林、李佳伟、韩淑颖、李雯、郝明辉、吴滨滨、李星、宋玉鑫、刁艺璇、冯亚坤，以及博士后甘容、张伟、贾胜勇、于磊、王梅。文中部分章节引用了笔者指导的研究生的学位论文内容，均已在文中进行了说明，在此不再一一列出。

感谢出版社工作人员为本书出版付出的辛勤劳动！感谢我的合作者的支持和贡献！感谢参加我的相关内容学术报告讨论的专家学者和研究生提出的宝贵意见！因无法一一列出姓名，在此一并致谢。

由于人水系统十分复杂，人水和谐问题涉及的因素多，认识上很难统一，可能有不同观点和思路，本书的有些观点或说法可能存在局限性，还有待进一步商榷，恳请广大读者海涵。

左其亭

2020 年 3 月 1 日

于郑州市盛和苑社区

目录

前言

第一篇 导 论

第二篇 理 论 体 系

第一篇

导　论

第一章 人水和谐的有关概念
及人类认识的变化

本章首先介绍人水和谐论的研究对象——人水系统的概念，进而介绍人水关系的概念；其次介绍人水和谐的概念和认识。在此基础上，阐述人水关系的演变过程、人类对人水关系的认识变化过程。本章是对本书将要用到的几个基本概念的详细介绍，为本书讨论人水和谐论奠定基础。

第一节 人水关系的概念

一、人水系统（human‐water system）

自然界中的水是一个不同空间单元相互联系、固‐液‐气多形态转化、分布特征和变化过程十分复杂的系统。研究水的问题，一方面，需要把水看成一个相互联系的系统来"系统"研究；另一方面，不能"就水论水"，需要把水与经济、社会、生态联系起来，在包含与水有关的社会、经济、地理、生态、环境、资源等方面及其相互作用的复杂大系统中进行研究。

笔者于 2007 年提出人水系统（human‐water system）的定义：人水系统是以水循环为纽带，将人文系统与水系统联系在一起，组成的一个复杂大系统[1]，如图 1‐1 所示。所谓人文系统（human system），指以人类发展为中心，由与发展相关的社会发展、经济活动、科技水平等众多因素所构成的系统；所谓水系统（water system），指以水为中心，由水资源、生态环境等因素所构成的系统[2]。

从图 1‐1 可以看出：①在人水系统中，包含以蒸发、降水和径流等方式进行的周而复始的自然水循环过程。因此，在人水系统研究中，同样需要利用水循环的规律、实验手段和计算方法；②在人水系统中，又包含受人类活动影响作用的社会水循环过程。在进行水系统研究时，同样要考虑经济社会变化规律，需要把经济社会发展内在规律研究成果带入到水系统研究中，真正实现人水系统的耦合研究。这也正是把人水系统作为人水和谐论研究对象的原因和机理需求。

现实的人文系统与水系统存在密不可分的关系。水系统是人文系统构成和发展的基础，制约着人文系统的具体结构和发展状况。可利用的水资源是复杂大系统运转的基本支撑条件，然而，它有限的承受能力迫使人们不能过度利用它以及适应性调整自己的经济结构和社会规模。人文系统反作用于水系统，人文系统不同发展模式可以使水系统朝着不同

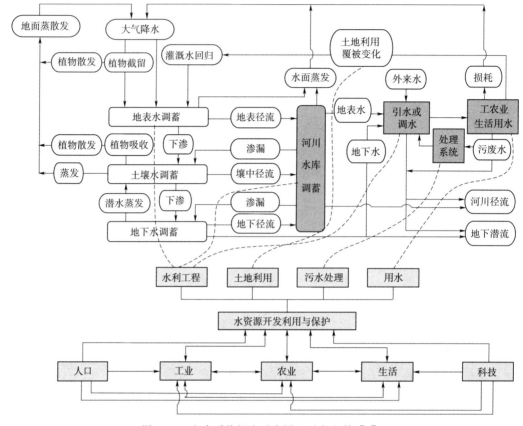

图1-1　人水系统概念示意图（引自文献［1］）

方向（良性或恶性等）发展。经济社会系统的调节，将直接或间接影响水系统的正常运行，对水资源采取开发与保护并重的举措，才能走人水和谐的道路。

另外，与水相关的研究，也几乎都是针对人水系统的研究。当然，有些偏重于自然的水系统，有些偏重于人文系统的作用；有些针对简单的人水系统，有些针对较复杂的人水系统。比如，研究径流的变化、气候变化对径流的影响，主要针对水系统；研究水资源规划与管理、水价制度、水政策，主要考虑人类行为的作用，偏重于人文系统及其对水系统的影响；研究河流防洪堤的影响和作用，主要针对防洪堤与河流径流（再进一步可能包括河流生态系统）的作用关系；研究跨流域调水工程的影响和作用，除研究工程本身带来的生态环境影响外，还需要研究调水工程对调出区、输水区、调入区经济发展、社会稳定、资源利用与保护等的影响，针对的是非常复杂的人水系统研究。

二、人水关系（human-water relationship）

笔者于2009年提出人水关系（human-water relationship）的定义：人水关系可以简单地理解为"人文系统"与"水系统"之间的关系[3]。于2012年进一步将其定义为：人水关系是指"人"（指人文系统）与"水"（指水系统）之间复杂的相互作用关系[2]。

人文系统、水系统本身都是十分复杂的巨系统，人水关系极其复杂，涉及人类经济社会发展的方方面面，同时又与水资源、生态、环境密切相关。水是人类生存和发展不可或缺的一种宝贵资源，人类一出现就与水打交道，自觉或不自觉地面对多种多样的人水关系[4]。因此，笔者在多个学术报告中经常提到一句话，"所有的水利工作几乎都是为了改善人水关系；但是不是都朝着改善的方向，有可能事与愿违。"[5]这只是笔者的个人观点，可能不一定准确。实际上，人类在改造自然的过程中，从出发点来讲，应该大多数都是希望"改善"人与自然的关系。既然是"改善"，其出发点就是朝着"好"的方向发展，至少愿望是这样的。这是人类活动的基本出发点。

人水关系是人类与自然界关系中最重要的关系之一，实现人水关系的"和谐"是人类追求的一种理想的人水关系。其实，人们对水科学的研究多数是在研究人水关系及其相关的问题。

人类对人水关系的认识也在不断变化。从人水关系的变化过程来看，人类主宰自然是不可能的，而被迫与自然和谐相处，这正是由于自然界伟大力量反扑的结果。正如恩格斯所说，"我们不要过分陶醉于我们对自然界的胜利。对于每一次这样的胜利，自然界都对我们进行报复。"因此，"人"和"水"之间的关系不是主宰和被主宰的关系，应该是和谐共处。特别是，随着经济社会的发展，人水关系面临着前所未有的挑战。由于自然界的水资源量是有限的，水体的纳污能力也是有限的，人类对水资源的需求却在不断增加，对环境的改造甚至破坏在不断加深，很可能引起水系统的破坏，导致"不健康的水循环"和"恶化的生态系统"。为了保护人类赖以生存的生命支撑系统，就需要协调人水关系，走人水和谐发展道路。

第二节　人水和谐的概念

一、和谐（harmony）

要阐述人水和谐概念，自然就会想到"和谐"的概念，笔者在文献［5］中有比较详细的论述，这里继续引用这一论述。尽管"和谐"一词是一个很普通的词语，在日常用语和书面文字中经常被使用，但没有形成统一的概念，或很难形成一个定义，甚至没有必要确定一个固定的定义。因为不同角度有不同的理解和表述，是非常正常的。笔者于2009年曾提出如下定义：和谐（harmony）是为了达到"协调、一致、平衡、完整、适应"关系而采取的行动[6]。特别需要说明的是，定义中所说的"一致"，并不是指思想观点、宗教信仰、专业发展、技术水平等具体行为必须一致，而是指和谐目标一致。比如，宗教信仰可以自由，只要是为了"促进社会和谐，人类健康发展"目标，都应该认为是"一致"的，被允许的，也就是和谐的。和谐论（harmony theory）是研究多方参与者共同实现和谐行为的理论和方法[6]。

自然界中"对立与统一的辩证关系"是普遍存在的。其中，"和谐"的观点是马克思辩证唯物主义哲学思想的具体体现。辩证唯物主义和谐观提倡人与自然和谐相处，倡导事物之间相互协调、相互适应，保持一致、平衡、完整的和谐关系。

和谐关系并不是要求完全一致，有时也存在对立关系。自然界中"竞争"也是普遍存在的，和谐观也承认"竞争"的存在，"竞争"与"和谐"是对立与统一的辩证关系。如果通过竞争，形成新的平衡关系，也是朝着和谐方向发展。此外，和谐的关系也常常蕴藏着竞争的作用。比如，和谐团队，除了要求团队成员之间相互配合、相互支持，形成团结一致的和谐关系外，可能还会引进一定的竞争机制，促进团队和谐发展。

二、人水和谐（human‐water harmony）

人水和谐（human‐water harmony）思想是我国现代治水的主要指导思想。关于人水和谐思想的提出，始于 21 世纪初，真正成为我国治水思想是从 2004 年开始，其标志性事件是，2004 年中国水周的活动主题为"人水和谐"。随后，在 10 多年的发展中，涌现出大量的理论及应用研究成果。其中，关于人水和谐思想的探讨及在其指导下的应用分析研究成果最多，甚至很难统计其文献多少，这与把人水和谐思想作为我国治水指导思想有关。

关于人水和谐的概念论述，与对和谐概念论述一样，也非常多，可以说是仁者见仁智者见智。从字面上理解，"人"是社会的主体，"水"是人类赖以生存和发展的基础性和战略性自然资源，"和谐"是和睦协调之意。笔者于 2008 年曾提出如下定义：人水和谐是人文系统与水系统相互协调的良性循环状态，即在不断改善水系统自我维持和更新能力的前提下，使水资源能为人类生存和经济社会可持续发展提供久远的支撑和保障[7]。人水和谐论（human‐water harmony theory）是研究人水和谐问题的理论与方法。

从人水和谐的概念可以看出，它包含三方面的内容：①水系统自身的健康得到不断改善；②人文系统走可持续发展的道路；③水资源为人类发展提供保障，人类主动采取一些措施来改善水系统健康状态，协调人水关系[7]。

第三节　人水关系的演变及人类认识的变化

在人类社会发展的不同阶段，人水关系经历着不断的变化，人类对其认识也随之变化。在人类出现早期，由于人类生产力水平较低，对水系统的改造作用较少，主要以适应和被动应对为主，多数在河流取用水方便的地区生活。比如，人类逐水而居，就是便于利用河流、湖泊的水；但面对洪水灾害时几乎无能为力，洪水肆虐，人类束手无策，只好避之。这一时期，人水关系还算大体和谐，这是一种原始的和谐关系。

到了工业革命以后，人类社会生产力水平迅速提高，人类改造自然的能力不断增强，对水系统的认识不断提高，慢慢增加了对水系统的改造作用，逐渐加大了对水的开发和利用，出现了水库、塘坝、引水渠等小规模的水工程；面对洪水也出现疏导、拦截等工程抵御措施。但受"人定胜天"思想观念的主导，人类开始征服自然，以自然的主人自居。人类为了满足其对水的需要，加大了水资源开发利用的力度。这一时期，出现"人掠夺水"的倾向，开始出现不和谐人水关系。

到了 20 世纪中期，随着生产力水平的进一步提高，特别是应用现代科学技术，对包括水系统在内的自然界的改造能力急剧增加。人类为了发展，加大对自然界的改造，甚至到了破坏的地步。结果虽然使得人类社会的物质文明达到了前所未有的高度，但同时出现了一系列自然资源过度消耗、环境污染、生态退化的严峻问题，已威胁到人类生存环境甚至自身健康。由于人类对自然界的肆意污染和破坏，最终也遭到了来自自然的报复，引发各种水问题，人水冲突日益尖锐，影响到了人类的生存和发展。这一时期，出现"人水关系不和谐"的严重局面，带来一系列水危机和水灾难。

到了 20 世纪末期，面对日益严峻的水危机，现代人类社会开始反思自己的发展历程和行为，重新看待水资源的价值和内容，重新认识人水关系。人类为了生存和发展，又被迫限制自己的发展行为，减少资源消耗，控制环境污染，遏制生态退化，慢慢接受了可持续发展思想，强调水资源的可持续利用。到 21 世纪初才开始追求人与自然和谐相处，这其中就包括良好的人水和谐关系。

从人类对人水关系的研究深度来看，人类对人水关系的认识在不断提升和不断系统化。在人类社会早期，对水系统的认识主要基于表象认识和初步的定量化分析。伴随着人类社会发展和生产力水平提高，对水系统的认识不断加深，对出现的人水关系问题开始有初步的研究。到了 20 世纪下半叶，一方面人类的认识水平大大提高，另一方面人水关系的研究需求不断增强，从不同学科、利用不同研究手段对人水关系研究，逐步提升到系统化研究。至目前，已经形成了人水关系观测、实验、模拟、管理、调控以及人水和谐理论方法及应用、自然科学与社会科学相融合的水科学研究等一体化研究体系。

参 考 文 献

[1]　左其亭．人水系统演变模拟的嵌入式系统动力学模型［J］．自然资源学报，2007，22（2）：268－273．

[2]　左其亭，毛翠翠．人水关系的和谐论研究［J］．中国科学院院刊，2012，27（4）：469－477．

[3]　左其亭．人水和谐论：从理念到理论体系［J］．水利水电技术，2009，40（8）：25－30．

[4]　左其亭．人水和谐论及其应用研究总结与展望［J］．水利学报，2019，50（1）：135－144．

[5]　左其亭．和谐论：理论·方法·应用［M］．2 版．北京：科学出版社，2016．

[6]　左其亭．和谐论的数学描述方法及应用［J］．南水北调与水利科技，2009，7（4）：129－133．

[7]　左其亭，张云，林平．人水和谐评价指标及量化方法研究［J］．水利学报，2008，39（4）：440－447．

第二章 人水关系研究基础

本章首先介绍人水关系作用机制及分类，进而选择几个典型案例进行分析，接着介绍人水关系模拟研究内容。本章进一步研究人水关系的基础，为深入研究人水和谐论及其应用奠定基础。

第一节 人水关系作用机制

人水系统涉及水资源与经济、社会、生态、环境等多方面的相互作用关系。在人水系统中，既包括人文系统，也包括水系统；既包含自然水循环过程，又包含社会水循环过程。在研究人水关系时，既要考虑水循环规律，又要考虑经济社会发展内在规律，对人水关系的复杂作用机制进行深入研究。因此，在研究人水和谐关系之前需要了解人水关系的作用机制及分类特征。本节主要引自文献［1］和笔者指导的研究生学位论文（文献［2］），略有改动。

人水关系作用类型可以分为水对人的作用、人对水的反作用、人对水的作用、水对人的反作用4个类型。

1. 水对人的作用

水资源是人类生存的基本保障。人体组织的重要组成部分是水，人体重量的60％～70％是水分。水是国家发展的必备条件，在商业活动、工业制造、农业灌溉、水产养殖、水力发电和航运利用等方面，水都占据着重要地位。从古至今，人类倚水而居，水资源丰富的地区，人口相对集中、密集，水资源影响着人类生活区的分布。同时，水资源支撑着农业及工业生产，带来了巨大的工农业效益，推动着人类社会向前发展。一般，水资源丰富的地区，经济社会发展速度相对较快。总之，水影响着人类的生存及经济社会的发展。

2. 人对水的反作用

随着社会的不断发展，生产力水平的提升，人类一直在采取各种工程措施和非工程措施对水资源进行开发利用，来调整和应对水对人的作用，突出表现为兴利除害。比如，通过蓄水工程和调水工程，对水资源进行优化调度，实现水资源空间调配和蓄丰补枯；利用防洪工程、河道疏导工程、地下水回灌等措施，有效控制洪水、补充地下水，合理利用洪水资源，提高水资源利用效率；此外，还可以通过水资源综合管理及规划、规章制度建设、投资渠道优化、科技创新、水价调整、水资源税改革、依法治水等非工程措施，提高水资源高效利用和使用效益。这些都是人类针对水的作用（包括有利作用和不利作用）的适应性调整（或称反作用）。当然，如果反作用措施得当，就会取得正面效益。反过来，如果措施不当，就可能会带来负面影响。比如，某些建设的水利工程、采用的水资源规划方案，经实践检验是负面的作用。

3. 人对水的作用

人类在生活、生产过程中，从事一系列活动（统称为人类活动），比如，修建房屋，建设城市、道路、水利工程，农田耕作，工业生产等。第一，人类活动改变地球表面陆地变化，改变水系统形成结构；第二，通过引水、消耗、排污等途径改变水系统的量与质；第三，随着人口急剧增长，经济社会快速发展，对水的需求增长，导致水资源超载，加大了对水系统的开发力度，对水系统带来更大的压力。

4. 水对人的反作用

人类过度地开发利用水资源，必然遭到自然界的报复。人类对水资源的不合理开发利用，导致干旱及洪涝灾害频繁发生。随着城市化和经济社会发展，大量的农田和农业灌溉水源被城市和工业占用，耕地资源减少的势头难以逆转，水资源短缺的压力进一步增大。水土流失的情况加剧，导致土地退化、生态恶化，造成河道、湖泊泥沙淤积，加剧了江河下游地区的洪涝灾害。严重干旱及洪涝灾害的发生迫使人们不得不离开故乡，集体迁移。由于人类对水资源保护的忽视，饮用水水质降低，人类生活的安全保障受到威胁。这些都是水系统对人类不合理行为的报复（或称反作用）。

第二节　人水关系作用典型案例分析

下面列举几个案例进一步对第一节提到的人水关系作用机制进行说明。

一、农田灌溉反映的人水关系变化

农田灌溉是人类活动的主要表现方式之一，对人水关系变化具有重要影响。图 2-1 为农田灌溉反映的人水关系变化示意图。具体而言，农田灌溉通过取水和排水与人水系统发生直接和间接的作用。地表和地下取水是农田灌溉的主要水源。地表取水不仅影响河流生态系统健康（生态和农业的竞争性用水问题），而且会使得河流污染物质随着灌溉排水进入土壤，造成农田土壤污染，尤其是重金属等对人体危害较大的污染物随着灌溉进入土壤后，容易被作物吸收、富集，并随着人体对农产品的摄入而进入人体，危害人体健康。过量的地下取水容易造成地下水位下降，形成局部地下水降落漏斗，影响人类发展和生态系统健康。农田灌溉对河流水质的影响主要表现为农田污染（施肥、农药）等随着灌溉和降雨径流的发生进入浅层地下水，进而随着基流进入河道，或者直接随地表径流进入河道，对河流水质和生态系统造成影响。

因此，当因农田灌溉而对水资源的开发利用（地表和地下取水）不断增加时，其对水系统平衡造成的压力不断增加，流域原有的水系统平衡将会不断被打破，造成一系列的水文、生态、环境影响，迫使人类通过制度、技术革新等方式不断提高灌溉水利用效率，最大程度地降低人类开发利用对水系统的影响，以达到改善人水关系、促进人水系统朝着人水和谐方向发展的目的。反之，如果人类对水资源开发利用强度不予改善，则人水关系将随着人类对水资源开发利用强度的增加而遭受影响，导致人水关系背离和谐的方向发展。

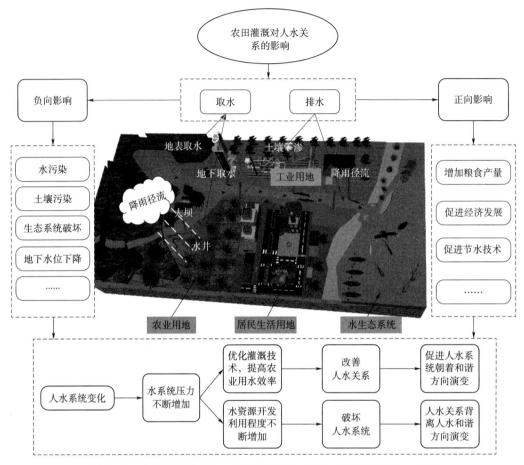

图 2-1　农田灌溉反映的人水关系变化示意图（罗增良绘制，2020）

二、城市形成与建设反映的人水关系变化

城市的形成与建设，是对下垫面、自然生态环境的严重改造，无疑是影响人水关系的最主要人类活动方式之一，也是加速人水系统快速社会化的直接方式之一。图 2-2 为城市形成与建设反映的人水关系变化示意图。由图 2-2 可知，城市的形成经历了从未利用地到农村用地再到城镇用地，或直接从未利用地到城镇用地的变化过程。这一过程伴随着路面不透水面积增加、废污水排放量增加、水资源开发利用程度增加等一系列人类活动影响，进而造成对降雨径流、区域生态、环境和经济社会发展的影响。尤其是不透水面积增加，致使降水汇流时间急剧缩短，汇流速度增加。径流对降雨的快速响应导致洪水不能及时排出，造成城市洪水洪峰增加、内涝风险增加。城市建设是不断完善城市基础设施，优化产业结构，提高用水效率的重要过程，其对水文、生态和环境的影响也十分明显。

因此，原始未受人类活动影响的自然生态系统，由于人类干预会逐渐形成以自然属性主导的人水系统，且随着城市形成和发展，对人水系统干预的不断增加，人水系统的社会属性会不断增加，即人水系统的社会化过程。当城市形成和发展等人类活动对人水系统的干预达到一定程度，自然主导的人水系统会演变为人类主导的系统，进而引起一系列水文、生态、环境问题反作用于人类发展。

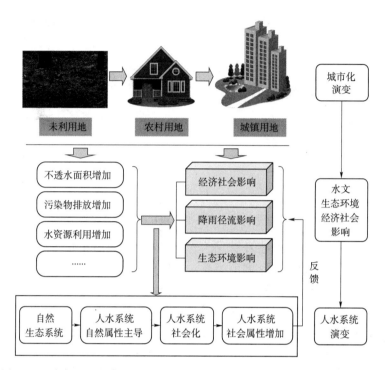

图 2-2　城市形成与建设反映的人水关系变化示意图（罗增良绘制，2020）

三、高强度人类活动区的人水关系分析

在人类活动比较密集的区域，比如，地表覆盖的大面积农田灌溉、村庄、城市、道路、水利工程等区域，伴随着复杂的人水关系。为了定量研究该区域的水资源管理、人水关系调控以及经济社会发展布局和生态环境保护方案，就需要定量模拟该区域的人水关系，需要先掌握水系统与经济社会系统、生态系统相互作用关系。为此，在文献［3］和文献［4］中把人水关系研究看作是由经济社会、水和生态三个子系统相互作用的复杂关系研究。本小节主要引自笔者指导的研究生学位论文（文献［3］）和文献［4］，略有改动。

在高强度人类活动区，随着人类干预影响的不断增加，人类干预对流域水资源和生态环境的胁迫作用越来越强烈，并逐渐超过自然因素对人水系统演进的驱动作用而居于主导地位。因此，在人水系统要素的交互过程中，经济社会子系统要素持续地通过人类活动的方式能动地影响水子系统和生态子系统状态，造成水资源和生态环境状态的不断变化，而水子系统和生态子系统要素在被动适应经济社会子系统发展影响的同时，其状态的改变迫使人类决策方式和发展模式的转变，进而推动人水系统的动态演化（系统平衡不断被打破和重新建立的过程），经济社会-水-生态相互作用关系示意如图 2-3所示。

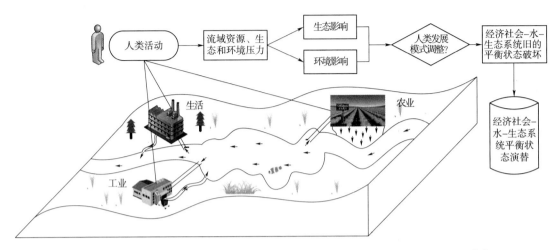

图 2-3　高强度人类活动区经济社会-水-生态相互作用关系示意图（引自文献［3］）

在高强度人类活动区域，经济社会-水-生态子系统之间的相互作用关系一般都非常复杂，下面仅简单地定性分析两者之间的关系，以作参考。

（一）经济社会子系统与水子系统相互作用关系

经济社会子系统与水子系统的相互作用，是以人类活动对水资源的开发利用与保护为纽带，在子系统之间物质传递和能量流动的过程中，形成的相对稳定的相互影响与制约关系。一方面工农业发展和人们生产生活需要消耗大量的水资源，人们通过江河湖库等地表水和地下水的取水过程与水子系统建立联系；另一方面，在经济社会发展过程中，通过排水把废污水排入地表或地下水体，对水子系统产生影响。因此，经济社会子系统主要通过取水和排水过程与水子系统建立联系，进而造成一系列的水量、水质、水文和水生态等问题。当经济社会发展对水子系统的影响达到一定程度时，水子系统状态的改变迫使人类对水资源开发利用方式进行调整，使得人类以水资源开发利用为主的发展模式逐渐转变为开发利用与保护协调发展的模式。这一过程必然促使人们对经济社会发展取水、用水和排水过程进行调整，从而制约经济社会发展。

（二）经济社会子系统与生态子系统相互作用关系

在经济社会发展过程中，自然界为经济社会发展提供必要的物质资源和能量来源，但同时经济社会发展对自然生态系统造成直接或间接的影响，致使生态退化、环境恶化等一系列生态环境问题频发。反之，生态破坏和环境恶化导致的一系列人类生存和发展问题，迫使人类对经济社会发展做出调整，进而制约经济社会发展进程。对于高强度人类活动区域，由于经济社会发展对生态子系统的驱动作用比较强，生态子系统的自然功能将会逐渐地向社会功能转变，且转变的方向受人类社会发展需求主导。当人类活动对生态子系统的影响达到一定限度时，生态子系统的自然属性开始趋于社会化，但是仍然可以达到一个新的平衡。如果人类活动继续增加，生态子系统的自然属性和社会属性将会随着其演进过程不断地发生相互转化，导致生态子系统持续地从一种平衡状态向另一种平衡状态转移，直到生态子系统被彻底破坏后，这种动态的平衡演进过程被彻底打破，生态状况将无法被修复。

（三）水子系统与生态子系统相互作用关系

水与生态息息相关，是密不可分的有机整体。在自然生态系统中，水是维持和延续河流生命形式的重要基础。同样生态系统中生物与生物之间、生物与环境之间复杂的作用关系具有净化水体、维持水体活性的作用。一方面，水可为河流生命形式提供最基本的生存条件，并对河流生态系统的维持和演替发挥重要的决定作用。当水资源数量和质量因外部环境改变而发生变化时，生物的生存环境发生变化，新形成的生存环境将会对河流生物进行筛选。适应新环境的生物物种得以保存，不适应新环境的生物物种将逐渐被淘汰。因此，在河流系统长期的演化过程中，河流生物群落结构和功能不断随着水环境的改变而改变，河流生态系统的平衡状态也处于不断被打破和重新建立的过程，这种随时间不断发生变化的过程也是河流生态系统新旧平衡状态不断演替的过程。另一方面，河流生态系统对水环境具有一定的净化和改造作用，比如对水质的净化，能够在一定程度上保持水体的活性，并抑制水环境的恶化，以适应生物自身的发展。

第三节　人水关系模拟研究

人水系统是一个庞大而又复杂的自然-社会复合大系统，既有自然属性，又有社会属性，具有长时效、多层次、高阶非线性、动态性、自组织性等特征[5]，因此构建人水关系模型比较困难，一直是学者们研究的热点，也是研究和解决水资源问题的重要基础。无论是人水和谐研究、可持续水资源管理，还是生态环境保护、生态文明建设，其重要前提都是要充分了解研究区的水文信息、自然界的气候变化和水系统变化、水文学与生态学的联系、人类活动和经济发展对水量和水质以及生态系统的影响等[6]。这就要求把水量变化、水质变化与生态环境保护、经济社会发展有机地结合起来，研究人水关系模拟方法，构建人水系统模型。

本节主要基于笔者团队的前期研究工作，概括性介绍人水关系模拟研究方法（主要引自文献［6］），详细内容可参阅文献［6］或其他相关文献。

一、人水关系模拟方法概述

关于人水关系模拟的研究工作，一直是水文学或地学界的重要研究领域，大批国内外学者做了丰富的研究工作，提出的模型方法也不计其数。

在以往的传统水文模型中，主要采取一些简化的处理办法，比如，把水文系统以外的变量作为水文模型的输入或输出，或者把与其他系统交叉的界面作为模型边界。这些处理方法大大简化了水文模型的建模过程和求解难度，甚至破解了水文模型建模的一些主要瓶颈，推动了水文模型的发展，在实践中也推广了应用。当然，也有其不利的一面。因为对水文系统作了大量的概化，模型本身与实际系统可能存在较大差异，模型结果的可信度存疑，甚至误差难以接受。此外，可能掩盖了水文系统与生态系统、经济社会系统的互动关系，不利于研究其耦合系统整体发展规律以及它们之间的相互关系。因此，在研究人水关系、水资源综合管理、人类活动和气候变化下的水文系统演变趋势、生态环境演变与调控、人水和谐评估与调控等问题时，常常希望建立一个多系统耦合的人水系统模型。

一般来说，人水系统模型要比单一的水文模型复杂得多，建模难度也更大。因此，关于人水系统模拟一直是一个研究热点，研究者较多，成果也层出不穷。但由于其本身的复杂性以及研究用途不同，所建立的系统模型不统一，方法也各异。关于这方面的文献较多，本节基于文献［6］只介绍其中 2 种模拟方法。因为每种模型的相关内容较多，本节只扼要介绍其方法内涵，不作深入论证。如果需要更进一步了解，可查阅有关文献。

二、分布式模型

分布式模型（distributed model）按研究区各处土壤、植被、土地利用和降水等的不同，将其划分为若干个水文模拟单元，在每一个单元上以一组参数（坡面面积、比降、汇流时间等）表示该单元各自然地理特征，然后通过径流演算而得到全研究区的总输出。

分布式模型起始于 1969 年 Freeze 和 Harlan 发表的《一个具有物理基础数值模拟的水文响应模型的蓝图》的文章[7]。随后 10 多年中，有少量学者开展了相关研究。1979 年 Beven 和 Kirkby 提出了以变源产流为基础的 TOPMODEL 模型[8]。该模型基于 DEM 推求地形指数，并利用地形指数来反映下垫面的空间变化对水循环过程的影响，模型的参数具有物理意义，能用于无资料地区的产汇流计算。但 TOPMODEL 并未考虑降水、蒸发等因素的空间分布对流域产汇流的影响，因此，它不是严格意义上的分布式水文模型[9]。而由丹麦、法国及英国的水文学者联合研制及改进的 SHE 模型则是一个典型的分布式水文模型。在 SHE 模型中，流域在平面上被划分成许多矩形网格，这样便于处理模型参数、降雨输入以及水文响应的空间分布性；在垂直面上，则划分成几个水平层，以便处理不同层次的土壤水运动问题。SHE 模型为研究人类活动对于流域的产流、产沙及水质等影响问题提供了理想的工具。1980 年，英国的 Morris 进行了 IHDM（Institute of Hydrology Distributed Mode）的研究，根据流域坡面的地形特征，流域被划分成若干部分，每一部分包含有坡面流单元，一维明渠段以及二维（在垂面上）表层流及壤中流区域[10]。1994 年，Jeff Arnold 开发了 SWAT 模型（Soil and Water Assessment Tool），可采用多种方法将流域离散化，能够响应降水、蒸发等气候因素和下垫面因素的空间变化及人类活动对流域水循环的影响[11]。2000 年以后，随着计算机技术、信息获取技术的迅猛发展，分布式模型进入快速发展期，出现了很多不同类型的模型，成为现代水科学研究的主流模型方向。

笔者指导的博士研究生罗增良在其博士论文[3]中针对沙颍河流域提出了流域经济社会-水-生态分布式模型（SEWE），是以社会水循环取-用-耗-排水和排污过程、自然水循环降雨-径流过程为纽带，研究实现自然-社会水循环与河流水质和水生态过程综合模拟的定量关系，进而耦合流域自然-社会水循环过程、水质和水生态过程，并考虑闸坝等人工干预方式影响，构建经济社会-水-生态分布式模型并进行模型程序研发。其模型框架是：确保每个闸坝和取排水口位置分别对应一个子流域的出口位置，每个子流域对应一个河段；在流域经济社会-水-生态互馈机理研究的基础上，以划分的子流域和河段为基础，以自然水循环蒸发、降水、地表水、地下水过程和社会水循环取水、排水过程为自然-社会水循环耦合的重要接口，实现自然-社会水循环的水量耦合；通过研究自然水循环过程、社会水循环过程与河道内水生态、水环境要素的相互作用机理，借助水动力水质模型的耦合思想，把自然-社会水循环耦合的水量输出作为河流一维水质模型的水量输入，并考虑人类活动取-用-耗-排水过程和排污过程对河流水质的影响，实现自然-社会水循环水量模拟与水质模型的耦合；在上述水量水质模拟的基础上，结合研究团队前期成果，利用水量-水质-水生态指标的非线性函数关系模拟河道内水生态指标的变化过程。通过模型的框架设计和程序开发，构建经济社会-水-生态分布式模型（SEWE）[3,12]框架，如图 2-4 所示。

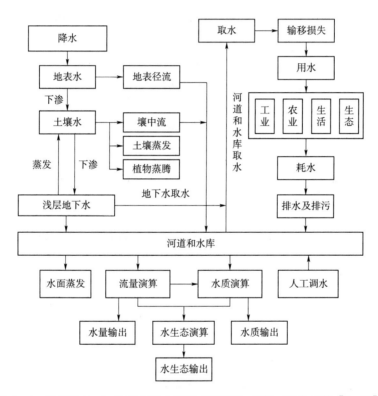

图 2-4 经济社会-水-生态分布式模型（SEWE）框架（引自文献 [3, 12]）

三、耦合系统模型

笔者在文献 [6] 中介绍了水文-生态耦合系统"多箱模型（MBM）"模拟方法、经济社会-水资源-生态耦合系统模拟方法，这里只简要介绍后者。

经济社会-水资源-生态耦合系统关系如图 2-5 所示。建立该耦合系统模型大致有两种思路：一是先分别建立"水文-生态耦合系统模型"和"经济社会系统模型"，再把两个模型组合在一起，作为耦合系统互动关系量化模型；二是通过两个模型的中间关系变量直接建立耦合系统的动力学模型。

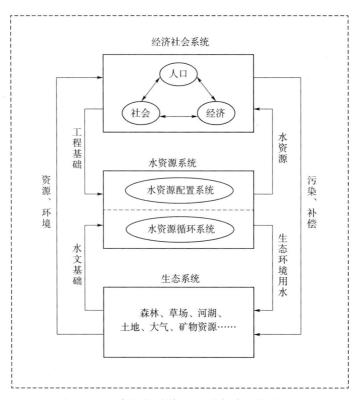

图 2-5 经济社会-水资源-生态耦合系统关系图

（一）水文-生态耦合系统模型与经济社会系统模型的耦合建模方法

该方法大致分三步。

第一步：建立水文-生态耦合系统模型。可以采用多种方法，对水文-生态耦合系统变化关系进行模拟，建立水文-生态耦合系统模型，简记作 SubMod（Q，C，E）。

第二步：建立经济社会系统模型。对经济社会系统变化关系进行模拟，建立经济社会系统模型，简记作 SubMod（SESD）。关于水文-生态耦合系统模型、经济社会系统模型已有许多文献做过研究，这里不再详细介绍。

第三步：再把 SubMod（Q，C，E）和 SubMod（SESD）放在一起，进行耦合计算。耦合计算的基本思路是：逐个箱体（计算单元）采用子模型循环迭代，直至误差小于某一预定值，则终止迭代，至此完成了耦合建模计算。

（二）耦合系统动力学模型（SEWED）

建立经济社会-水资源-生态耦合系统动力学模型，能更直观地表征耦合系统的复杂关系和动态变化过程。笔者曾在文献〔13〕中提出了一种耦合系统动力学模型建立方法，主要内容包括：①给出经济社会指标作为因变量的动力学方程，包括人口、工业总产值、农业总产值等因变量；②给出经济社会活动对生态系统影响的中间变量，包括人口、工业、农业；③水资源-生态系统模型以及与经济社会系统模型的耦合计算。由此构建的模型中，水量、水质、生态系统模型之间互为参数，在实际计算时，应该纳入一个系统进行耦合计算。同时，在"水量-水质-生态耦合模型"的输入变量中，有许多来自经济社会指标的输出，如（工业、农业、生活）引水量、污水排放量、灌溉面积、资源利用量等。因此，也需要与经济社会系统模型进行耦合计算。

（三）耦合计算思路

耦合计算的基本思路为：利用计算机强大的计算功能，从 t_0 时刻开始，采用逐个模型循环迭代计算，直至误差小于某一预定值，终止迭代，完成 $t_0 + 1$ 时刻计算，得到 $t_0 + 1$ 时刻状态变量计算结果。再按照同样方法，计算下一时刻结果。直至到目标时刻 t 终止。

参　考　文　献

[1] 毛翠翠，左其亭. 人水关系研究进展与关键问题讨论 [J]. 南水北调与水利科技，2011，9（5）：74-70.

[2] 毛翠翠. 人水关系的作用机制及量化方法研究 [D]. 郑州：郑州大学，2013.

[3] 罗增良. 沙颍河流域经济社会-水-生态互馈机理及分布式模型 [D]. 郑州：郑州大学，2019.

[4] LUO Z L, ZUO Q X, SHAO Q X. A new framework for assessing river ecosystem health with consideration of human service demand [J]. Science of the Total Environment, 2018, 640: 442-453.

[5] 左其亭. 人水系统演变模拟的嵌入式系统动力学模型 [J]. 自然资源学报，2007，22（2）：268-273.

[6] 左其亭，王中根. 现代水文学 [M]. 新1版. 北京：中国水利水电出版社，2019.

[7] Freeze R A, Harlan R L. Blueprint of a Physically - based Digitally - simulated Hydrologic Response Model [J]. Journal of Hydrology, 1969, (9): 237-258.

[8] Beven K J, Kirkby M J. A physically based variable contributing model of basin hydrology [J]. Hydrological Sciences Bulletin, 1979, 24 (1): 43-69.

[9] Abbott M B, Bathurst J C, Cunge J A, et al. An introduction to theEuropean Hydrologic System - System Hydrological European, SHE [J]. Journal of Hydrology, 1986, 87: 45-77.

[10] Beven K J, Calver A, Morris E M. The Institute of hydrology distributed model [R], Inst. Hydrol. Rep. No. 98, Institute of Hydrology, Wallingford, 1987.

[11] Arnold J G, J R Williamsand D R. Maidment. Continuous - timewa - terandsediment - routingmodelforlarge basins [J]. Journal of Hydraulic Engineering, 1995, 121 (2): 171-183.

[12] LUO Z L, ZUO Q T. Evaluating the coordinated development of social economy, water, and ecology in a heavily disturbed basin based on the distributed hydrology model and the harmony theory [J]. Journal of Hydrology, 2019, 574: 226-241.

[13] 左其亭，陈嘻. 社会经济-生态环境耦合系统动力学模型 [J]. 上海环境科学，2001，22（12）：592-594.

第三章　和谐论理论方法及应用

和谐论是研究和谐问题的理论和方法，是揭示自然界和谐关系的重要理论，是研究人水和谐论的基础理论。本章首先概述和谐论的形成历程及意义，阐述和谐论的主要论点；其次介绍和谐论的重要基础——和谐论五要素及和谐度方程；重点介绍和谐论理论方法体系及主要内容，包括和谐平衡理论及和谐辨识、评估、调控方法；进而介绍和谐论应用以及人水关系研究应用和谐论的必要性和可行性。本章进一步介绍人水和谐论的重要基础知识。

第一节　和谐论的提出背景及主要论点

一、和谐论的提出及意义

虽然"和谐"一词在很多地方被使用，在很多研究中也经常提到，也有专著专门阐述和谐论。但是，在早期，多数研究是定性的分析，或者是从哲学、伦理学等角度进行分析论述，缺乏涉及定量化的描述和理论方法，还称不上一个完善的理论体系。针对这些问题，笔者从 2005 年开始研究，于 2009 年首次提出和谐论的数学描述方法[1]；又经过两年多的研究，继而系统提出了和谐论理论方法体系及应用成果，并于 2012 年 1 月出版了第一部以和谐论量化研究为主要特色的专著——《和谐论：理论·方法·应用》（科学出版社）[2]。随后，在多个研究课题的资助下，又开展了相关问题的深入研究，发表多篇相关学术论文，于 2016 年撰写出版了《和谐论：理论·方法·应用（第二版）》[3]。

（1）和谐问题是人类社会普遍存在的一类人与人、人与自然相互关系的问题，涉及非常广泛，确实需要形成一套理论体系。比如经常提到的"和谐社会""和谐团队""人水和谐"等，还有和谐校园、和谐城市、和谐家庭、和谐世界、和谐课堂、和谐企业、和谐管理、和谐法制、和谐文化、和谐权、和谐理念、生活和谐、家庭和谐等。不仅现代广泛存在和谐思想，我国古代早已有之。比如，大禹"因势利导、疏川导滞"治水思想，都江堰建设采用"趋利避害"方法，春秋战国诸子百家崇尚"天人调谐"，孔子倡导"礼之用，和为贵"，西汉贾让提出治河三策之上策"给洪水以出路"，以及古代形成的"天人合一"哲学思想。因此，处理这一类问题，需要形成一套有指导意义的理论体系，这是和谐论提出的客观需求，具有重要的理论和现实意义。

（2）博弈论解决了具有斗争或竞争性质现象的理论和方法，而自然界在很多情况下需要构建一个"和谐"关系，广泛存在的"和谐"问题不能用博弈论来解决，理论上需要对应建立和谐。提及"和谐论"，人们一般就会联想到"博弈论"。博弈论又被称为对策论

(games theory)，是研究具有斗争或竞争性质现象的理论和方法，已被广泛应用于经济学、军事、谈判、各种比赛等，在水资源研究中已被广泛用于水资源优化配置、水权分配、水市场及水资源管理等方面。"博弈"主要针对"斗争或竞争"情形，在实践中经常碰到，如讨价还价、战役攻防、赛马比赛、拍卖等。但仅考虑博弈是不够的，如"公共地的悲剧"问题，就是只考虑博弈而没有考虑和谐的结果。再比如，多个地区共用一条河流的水，因为河流的可利用水资源量是有限的，人类引用水量不能超过其合理的限度。因此，人们引用的水量不能无限制地增加，必须通过协商来合理分配水资源，通过相关方共同努力，以实现水资源开发与保护和谐的目标。这一类问题不能通过"博弈"思路来解决，而需要通过"和谐"思路来实现。也就是说，针对众多的和谐问题，确实需要"和谐论"来研究和指导解决。

二、和谐论主要论点

综观和谐论的主要思想及应用领域，可以看出，和谐论具有以下主要论点（引自文献[3]）：

（1）和谐论提倡用"以和为贵"的理念来处理各种关系。和谐的思想是和谐论的基石。比如，对待家庭关系，主张建立和谐家庭；对待国际关系，主张建立和谐世界；对待人与人之间的关系，主张和谐相处；对待人与自然的关系，主张人与自然和谐。

（2）和谐论提倡理性地认识各种关系中存在的矛盾和冲突，允许存在"差异"，提倡以和谐的态度来处理各种不和谐的因素和问题。当然也不是对不和谐因素视而不见。既要看到和谐的主流，又要看到不和谐的存在。例如，在处理国际关系中，允许各国和地区存在不同立场和观点；像中国政府对香港地区和澳门地区实行"一国两制"。

（3）和谐论坚持以人为本、全面、协调、可持续的科学发展观，解决自然界和人类社会面临的各种问题。比如，解决因人口增加和经济社会高速发展而出现的洪涝灾害、干旱缺水、水环境污染等问题，使人和水的关系达到一种协调的状态，使宝贵有限的水资源为经济社会可持续发展提供久远的支撑，从而实现人水和谐。

（4）和谐论坚持辩证唯物主义哲学思想，关注人与自然界的辩证唯物关系，提倡人与自然和谐相处的观念，认为人与自然协调发展是必要的、可能的；主张人类应主动协调好人与人的关系，这是协调人与自然关系的基础。例如，人水关系的调整特别是人水矛盾的解决主要是通过调整人类的行为来实现的，需要调整好社会关系，合理分配不同地区、不同部门、不同用户的用水量和排污量，既共享水资源又共同承担保护水资源的责任。

（5）和谐论坚持系统的观点，提倡采用系统论的理论方法来研究和谐问题。因为和谐关系一般比较复杂，至少涉及两个参与者，达到和谐目标本身就是一个系统科学问题。例如，研究人水关系，必须将人和水纳入各自的系统（人文系统与水系统）和人水大系统中进行研究，对人与水关系的研究不能就水论水、就人论人，要系统研究。

（6）和谐论是研究多种多样关系的重要理论方法。自然界和人类社会包括各种各样的关系，如人与人、人与单位、人与社区、单位与单位、社区与社区、地区与地区、人与自然、各种事物之间、生物与生物等。如何处理这些关系以达到"和谐共处"，具有重要的现实意义。和谐论为揭示自然界和人类社会的和谐关系奠定了理论基础，具有广阔的应用前景。

第二节　和谐论五要素及和谐度方程

笔者于 2009 年首次提出和谐论五要素、和谐度方程[1]，后来在文献［2］、［3］中进行了系统总结和完善。本节主要引自文献［3］，简要介绍和谐论五要素、和谐度方程及相关参数计算方法；最后介绍和谐度方程（HDE）评价方法。

一、和谐论五要素

为了科学合理表达和谐问题，定量描述和谐程度，需要理解以下五个要素，简称和谐论五要素（five essential factors of harmony theory）[1]。只要把和谐论五要素描述清楚，该和谐问题的描述基本就清楚了。

（1）和谐参与者（harmony participator）：就是参与和谐的各方，一般为双方或多方，称为"和谐方"，其集合表示为 $H=\{H_1, H_2, \cdots, H_n\}$（$n$ 为和谐方个数），又称为"n 方和谐"（n - participator harmony）。某一和谐方表示为 $H_k(k=1,2,\cdots,n)$。例如，夫妻和谐的参与者就是夫妻双方；家庭和谐的参与者就是家庭的所有成员；人水和谐的参与者就是人文系统与水系统；和谐社区的参与者可以是各栋楼，也可以是社区里所有人。因此，可以根据不同的讨论对象来确定参与者。

（2）和谐目标（harmony objective）：指和谐参与者为了达到和谐状态所必须满足的要求。如果不满足这一要求，整个问题就不可能达到和谐状态。当然，实现这一目标只能说明有可能达到和谐状态。这是从和谐问题的整体出发，要求需要达到的状态。例如，有 n 户人家共同拥有一片草地，主要用于放羊，为了避免这片草地被破坏，必须保证放养的总羊数不能超过一定数量（即载畜量），这就是这 n 户人家共用草地的和谐目标。又如，"跨界河流的分水问题"，要求总引用水量不得超过该河流的某个限值，这就是这几个地区共用一条河流的和谐目标。

（3）和谐规则（harmony regulation）：指和谐参与者为了实现和谐目标所制定的一切规则或约束。为了实现和谐，必然要有一些规则或约束。例如，上面提到的 n 户人家共同拥有一片草地，为了保证公平合理，允许每户人家所养的羊数与其人口数成正比。又如，跨界河流的分水问题，可以协商制定一定的分水比例或分水量来约束用水量。这都是保障和谐的"规则"。也就是在这些和谐规则的条件下再探讨其和谐问题。

（4）和谐因素（harmony factor）：指和谐参与者为了达到总体和谐所需要考虑的因素。其集合表示为 $F=\{F^1, F^2, \cdots, F^m\}$，第 p 个和谐因素表示为 F^p，共 m 个和谐因素。当 $m=1$，称为单因素和谐（single - factor harmony），直接表示为 F。当 $m \geqslant 2$，称为多因素和谐（multiple - factor harmony）。例如，上面提到的 n 户人家共同拥有一片草地的和谐问题，这是单因素和谐。假如 n 户人家的和谐，不仅包括"共同拥有一片草地"这一因素，还有"用水问题""用电问题"等，就是一个多因素和谐问题。如果仅仅考察某一因素的和谐问题，就转化为单因素和谐问题。

（5）和谐行为（harmony action）：指和谐参与者针对和谐因素所采取的具体行为的总

称。例如，n 户人家共同拥有一片草地问题，具体行为是养羊数量；跨界河流的分水问题，具体行为是各区引用水量。n 方和谐 m 个和谐因素所采取的和谐行为集合可表示为一个矩阵，如下：

$$A = \begin{bmatrix} A_1^1 & A_2^1 & \cdots & A_n^1 \\ A_1^2 & A_2^2 & \cdots & A_n^2 \\ \vdots & \vdots & \ddots & \vdots \\ A_1^m & A_2^m & \cdots & A_n^m \end{bmatrix}$$

单因素和谐行为，表示为 $A=(A_1,A_2,\cdots,A_n)$。例如，8 个分区的水资源管理问题，考虑"用水量问题""排污量问题"两个和谐因素，这里，$n=8$，$m=2$，和谐行为就是 8 个分区的用水量 $(A_1^1,A_2^1,\cdots,A_8^1)$、8 个分区的排污量 $(A_1^2,A_2^2,\cdots,A_8^2)$。

最优和谐行为（the optimal harmony actions）是指和谐参与者在一定和谐规则下满足和谐目标要求时的最佳和谐行为。单因素最优和谐行为表示为 $A^*=(A_1^*,A_2^*,\cdots,A_n^*)$（针对 n 方和谐），多因素最优和谐行为表示为

$$A^* = \begin{bmatrix} A_1^{1*} & A_2^{1*} & \cdots & A_n^{1*} \\ A_1^{2*} & A_2^{2*} & \cdots & A_n^{2*} \\ \vdots & \vdots & \ddots & \vdots \\ A_1^{m*} & A_2^{m*} & \cdots & A_n^{m*} \end{bmatrix}$$

最优和谐行为对应的状态，可以看作是该和谐问题的一个最优和谐平衡状态，称为最优和谐平衡（the optimal harmony equilibrium）。比如，为了保障水资源可持续利用和经济社会可持续发展，需要达到经济社会发展与水资源保护之间的和谐平衡（具体内容在本书第八章介绍），寻找的该问题的和谐平衡实际上就是得到该问题的最优和谐行为。

二、和谐度方程

为了定量表达和谐程度，提出了和谐度方程。下面，先介绍某一单因素 F^p 和谐度方程，再介绍多因素综合和谐度计算方法。

（一）单因素和谐度方程
某一单因素（F^p）和谐度方程定义为

$$HD_p = ai - bj \tag{3-1}$$

或简写为

$$HD = ai - bj$$

式中：HD_p（或简写为 HD）为某一因素 F^p 对应的和谐度（harmony degree），是表达和谐程度的指标，$HD\in[-1,1]$，HD 值越大（或越接近于 1），和谐程度越高；a、b 分别为统一度（unity degree）、分歧度（difference degree），统一度 a 表示和谐参与者按照和谐规则具有"相同目标"所占的比重，分歧度 b 表示和谐参与者对照和谐规则和目标存在分歧情况所占的比重，a、$b\in[0,1]$，且 $a+b\leqslant1$（由于可能存在"既不统一也不分歧的情况"，即存在"弃权"现象，此时 $a+b<1$。假如没有弃权现象，则 $a+b=1$）。

假如 n 方和谐某因素和谐行为 A_1，A_2，$\cdots$，A_n，按照和谐规则，如果 n 方和谐具有"相同目标"、符合和谐规则的和谐行为分别为 G_1，G_2，$\cdots$，G_n，则 a 可以用下式计算

（当然也可以选用其他计算式）：

$$a = \frac{\sum\limits_{k=1}^{n} G_k}{\sum\limits_{k=1}^{n} A_k}$$

如果不存在弃权现象，则 $b = 1 - a$。

例如，A_1 与 A_2 的和谐规则是 $A_1 : A_2 = 2 : 1$，已知 A_1、A_2 分别为 100、40，则 G_1、G_2 分别为 80、40，$a = (80 + 40)/(100 + 40) = 0.8571$，$b = 1 - a = 0.1429$；已知 A_1、A_2 分别为 100、80，则 G_1、G_2 分别是 100、50，$a = (100 + 50)/(100 + 80) = 0.8333$，$b = 1 - a = 0.1667$。

i 为和谐系数（harmony coefficient），反映和谐目标的满足程度，可依据和谐目标计算确定，$i \in [0, 1]$。当完全满足和谐目标时，$i = 1$；当完全不满足时，$i = 0$；其他情况 i 介于 1 和 0 之间。可以根据和谐目标满足程度确定和谐系数曲线或函数（举例见本节第三部分）。

j 为不和谐系数（disharmony coefficient），反映和谐参与者对存在分歧现象的重视程度，可以根据分歧度计算确定，$j \in [0, 1]$。当完全反对时，$j = 1$；当完全不反对时，$j = 0$；其他情况时，j 介于 1 和 0 之间。可以根据分歧度确定不和谐系数曲线或函数，或者根据和谐参与者对存在分歧现象的重视程度给出不和谐系数（举例见本节第三部分）。

对于单因素和谐（$m = 1$），和谐度方程为

$$HD = ai - bj \tag{3-2}$$

式（3-1）和式（3-2）被称为"和谐度方程"（harmony degree equation 或 function of harmony degree），简称 HD 方程。

（二）多因素和谐度方程

多因素综合和谐度（comprehensive harmony degree）的概念为：如果和谐问题考虑多个因素，需要在单因素和谐度的基础上计算多因素综合和谐度。计算方法有两种：一种是加权平均计算，另一种是指数权重加权计算。

（1）加权平均计算：

$$HD = \sum\limits_{p=1}^{m} w_p \, HD_p \tag{3-3}$$

式中：HD 为综合和谐度，$HD \in [-1, 1]$；w_p 为权重，$w_p \in [0, 1]$，$\sum\limits_{p=1}^{m} w_p = 1$；其他符号含义同前。

（2）指数权重加权计算：

$$HD = \prod\limits_{p=1}^{m} (HD_p)^{\beta_p} \tag{3-4}$$

式中：β_p 为指数权重，$\beta_p \in [0, 1]$，$\sum\limits_{p=1}^{m} \beta_p = 1$；其他符号含义同前。

（三）和谐度 HD 取值范围

按照数学上分析，因为 a、b、i、$j \in [0, 1]$，所以 $HD = ai - bj \in [-1, 1]$。当 HD＝1

时，可以认为是完全和谐；当 HD＝0 时，可以认为是完全不和谐。即使是完全不和谐，也没有走向完全的敌对状态；当 HD＜0 时，不仅仅是不和谐，实际上开始走向敌对（opposition）状态；当 HD＝ －1 时，可以认为是完全的敌对状态。

为了表述上的方便，根据 HD 是否大于 0，分为两个区域：①［－1，0］表达 HD 的敌对状态（the state of opposition），从"完全敌对"到"完全不敌对"；②［0，1］表达 HD 的和谐状态（the state of harmony），从"完全不和谐"到"完全和谐"。当 HD＝0 时，处于"敌对状态"与"和谐状态"之间的临界点。"不和谐"并不一定就是"敌对"，有可能就是没有任何和谐关系。同样，"不敌对"也并不一定就是"和谐"，也可能没有任何敌对关系。比如，大街上完全不熟悉的两个人，假如没有任何关系，可以说，他们既不存在和谐，也不存在敌对，即 HD＝0。

敌对状态下的 HD 计算可以应用于军事对抗等问题的研究。在实践中，针对和谐问题的计算，一般所得到的 HD≥0，这种情况只讨论和谐状态对应的问题。在后文计算中，在没有特别说明的情况下，一般针对 HD≥0 的情况。

（四）和谐程度等级划分

为了表述上的方便，根据 HD 大小，把和谐程度按照和谐状态、敌对状态两类，各分成 7 个等级，见表 3－1。当 HD＝1 时，处于完全和谐状态；当 HD＝0 时，处于完全不和谐状态；当 HD＝ －1 时，处于完全敌对状态；当 HD＝0 时，处于完全不敌对状态；其他等级处于两者之间。需要说明的是，这种划分仅仅是定性描述上的需要，人为按照等间距划分的，没有其他原因。

表 3－1 和谐程度等级划分表

敌对状态的等级	HD 的取值范围	和谐状态的等级	HD 的取值范围
完全敌对	－1	完全和谐	1
基本敌对	（－1，－0.8］	基本和谐	［0.8，1）
较敌对	（－0.8，－0.6］	较和谐	［0.6，0.8）
接近不敌对	（－0.6，－0.4］	接近不和谐	［0.4，0.6）
较不敌对	（－0.4，－0.2］	较不和谐	［0.2，0.4）
基本不敌对	（－0.2，0）	基本不和谐	（0，0.2）
完全不敌对	0	完全不和谐	0

为了表示得更直观，从和谐角度出发，右边为和谐状态、左边为敌对状态，不同级别用不同深浅的颜色表示，如图 3－1 所示。

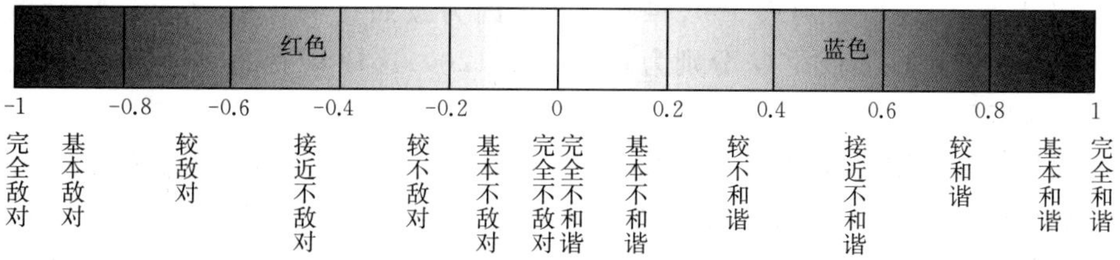

图 3－1 和谐程度等级划分示意图

通过一定指标的计算，可以得到不同区域或不同时期的和谐度大小，据此可以进一步分析确定某一区域某一时期的和谐程度等级，以及空间上、时间上的变化规律或趋势。因为 HD 值都标定在 $[-1,0]$ 或 $[0,1]$ 上，针对任何和谐问题所计算的 HD 值都有可公度性，有利于同一和谐问题不同区域、不同时期的对比，也有利于不同和谐问题的横向对比。

三、和谐度方程中各参数的确定方法

（一）统一度 a、分歧度 b 的确定方法

1. 和谐行为具有明确数值表征的直接计算

统一度 a 是和谐度方程中一个重要参数，需要针对具体问题，选择合适的计算方法。根据统一度 a 的计算式，假如 n 方和谐某因素和谐行为为 A_1，A_2，…，A_n，按照和谐规则，假定 n 方和谐具有"相同目标"的和谐行为分别为 G_1，G_2，…，G_n，则可以按照式（3-5）计算统一度 a。

$$a = \frac{\sum\limits_{k=1}^{n} G_k}{\sum\limits_{k=1}^{n} A_k} \tag{3-5}$$

也可以按照式（3-6）计算统一度 a：

$$a = \min\left\{\frac{G_1}{A_1}, \frac{G_2}{A_2}, \cdots, \frac{G_n}{A_n}\right\} \tag{3-6}$$

或

$$a = \frac{1}{n} \sum\limits_{k=1}^{n} \frac{G_k}{A_k} \tag{3-7}$$

还可以采用其他计算式，在此不一一列举。

到底如何确定 G_1，G_2，…，G_n？这里列举几种方法可供借鉴。

（1）如果和谐规则要求和谐行为之比是一个固定值，则完全按照和谐规则中的比例进行计算。例如，已知 A_1、A_2 的和谐规则是 $A_1:A_2=2:1$，比如 A_1、A_2 分别为 100、40，因为按照比例，$A_2=40$，A_1 最多为 80，于是 G_1、G_2 分别为 80、40，这样 $a=(80+40)/(100+40)=0.8571$［本小节以下计算 a 值均采用式（3-5）计算，其他计算式类似］；比如 A_1、A_2 分别为 100、80，因为按照比例，$A_1=100$，A_2 最多为 50，于是 G_1、G_2 分别是 100、50，$a=(100+50)/(100+80)=0.8333$。依次类推，对于任意 A_1 和 A_2 值都可以确定符合这一和谐规则的和谐行为 G_1 和 G_2。这里列举的是比较简单的双方和谐，假如是三方或更多方和谐，思路一样。例如，已知 A_1、A_2、A_3 的和谐规则是 $A_1:A_2:A_3=2:1:3$，比如 A_1、A_2、A_3 分别为 100、40、140，因为按照比例，$A_2=40$，A_1 最多为 80，A_3 最多为 120，于是 G_1、G_2、G_3 分别为 80、40、120，这样 $a=(80+40+120)/(100+40+140)=0.8571$。

（2）如果和谐规则要求和谐行为之比是一个区间范围，按照最有利于和谐的比例取值计算。例如，已知 A_1、A_2 的和谐规则是 $A_1:A_2$ 取值为 $[1,2]$，比如 A_1、A_2 分别为 100、40，因为按照比例，$A_2=40$，A_1 可取值为 $[40,80]$，最多为 80，从有利于和谐的角度看，A_1 取 80 为宜，于是 G_1、G_2 分别为 80、40，这样 $a=(80+40)/(100+40)=0.8571$；

比如 A_1、A_2 分别为 100、80，因为按照比例，$A_1＝100$，A_2 可取值为 [50，100]，80 在 [50，100] 范围内，于是 G_1、G_2 分别为 100、80，$a＝(100＋80)/(100＋80)＝1$；比如 A_1、A_2 分别为 100、120，因为按照比例，$A_1＝100$，A_2 可取值为 [50，100]，取最大值 100 有利，于是 G_1、G_2 分别为 100、100，$a＝(100＋100)/(100＋120)＝0.9091$。

(3) 如果和谐规则是一个小于等于某个值的不等式，则可以参照和谐规则中不等式约束计算。例如，已知 A_1、A_2 的和谐规则是 $A_1≤60$、$A_2≤90$，如果 A_1、A_2 满足和谐规则的不等式条件，和谐行为 G_1、G_2 就等于 A_1、A_2；如果 A_1 和（或）A_2 不满足和谐规则的不等式条件，和谐行为 G_1、G_2 就等于和谐规则中的最大值。比如 A_1、A_2 分别为 50、85，则 G_1、G_2 分别为 50、85；比如 A_1、A_2 分别为 60、97，则 G_1、G_2 分别为 60、90；比如，A_1、A_2 分别为 80、112，则 G_1、G_2 分别为 60、90。依次类推，对于任意 A_1 和 A_2 都可以确定符合这一和谐规则的和谐行为 G_1 和 G_2。

(4) 如果和谐规则是一个大于等于某个值的不等式，同样可以参照和谐规则中不等式约束计算，但方法不同。例如，已知 A_1、A_2 的和谐规则是 $A_1≥60$、$A_2≥90$，比如 A_1、A_2 分别为 50、100，则 G_1 可取 $\frac{50}{60}×50$、$G_2＝100$。

(5) 按照调查和统计方法直接计算 a 值。例如，已知 A_1、A_2 的和谐规则是 A_1 和 A_2 具有相同的选择，比如考察 A_1、A_2 的 100 件事件中，有 70 件具有相同的选择，则 $a＝70/100＝0.7$。这种计算方法可以通过问卷调查来实现，在和谐家庭、和谐校园、和谐社会等问题中应用比较合适。

分歧度 b 的计算与统一度 a 类似，可以通过确定 n 方和谐具有"分歧现象"的和谐行为来统计计算。当然，如果不存在"弃权"现象，这时可以简便计算：$b＝1－a$。

2. 和谐行为没有明确数值表征的间接计算

以上讨论的前提条件是，都很容易得到和谐行为 $A_1,A_2,\cdots,A_n$ 和"符合和谐规则、具有相同目标"的和谐行为 $G_1,G_2,\cdots,G_n$，或者说，$A_1,A_2,\cdots,A_n$ 和 $G_1,G_2,\cdots,G_n$ 都有比较明确的数值，这样就可以通过式（3-5）～式（3-7）或其他计算式计算得到统一度 a 值。假如和谐行为 $A_1,A_2,\cdots,A_n$ 和"符合和谐规则、具有相同目标"的和谐行为 $G_1,G_2,\cdots,G_n$ 不是明确的数值或很难得到明确的数值（或者是很复杂的情况，很难明确给出和谐规则），怎么办？有如下两种方法：

(1) 通过问卷调查，统计得到"符合和谐规则、具有相同目标"选择所占的比例，即为统一度 a 值；具有"分歧现象"选择所占的比例，即为分歧度 b 值。例如，针对和谐社区，假如通过大量调查求得平均"符合和谐规则、具有相同目标"选择所占的比例为 80%，具有"分歧现象"选择所占的比例为 17%，可以认为其统一度 a、分歧度 b 分别为 0.80、0.17。这种方法的实质是，针对某一和谐问题，通过调查人们的看法，得到统计结果，并不是从和谐问题本身直接计算得到，而是间接得到。

(2) 通过建立一套指标体系，采用多指标评价，计算得到。其方法与一般多指标评价方法一样，就不再举例说明。

（二）和谐系数 i 的确定方法

和谐系数 i 可依据和谐目标计算而来，$i∈[0，1]$，其反映和谐目标的满足程度。

当完全满足和谐目标时，$i=1$；当完全不满足时，$i=0$；其他情况时，i 介于 1 和 0 之间。可以根据和谐目标满足程度确定和谐系数曲线或函数。针对具体问题，选择合适的确定方法。这里列举几种曲线形式可供借鉴，如图 3-2 所示（X 表示和谐行为总值，a 表示统一度）。

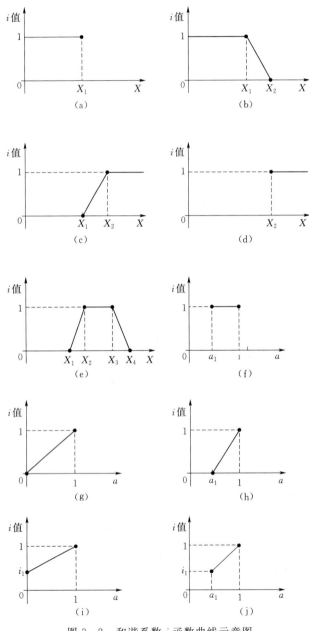

图 3-2　和谐系数 i 函数曲线示意图

这里补充说明以下几点。

（1）以上仅列出比较简单的直线段函数曲线形式，实际上还可以画出很多种类似的曲线形式，在实际应用时，可以根据具体问题进行选择。

（2）在图中有几个关键值 X_1、X_2、…，这些值被称为阈值，其意思是控制和谐目标的关键值，例如，如果低于（或高于）某个值，就不能满足和谐目标，或者完全不能满足和谐目标；或者低于（或高于）某个值，就能满足和谐目标，或者完全能满足和谐目标。这些阈值是宏观判断系统和谐状况的重要节点值。

（3）关于阈值的确定，可以借鉴相关研究特别是专业性研究成果和结论。一般相关专业研究中会对这些阈值感兴趣，有大量的研究成果和结论。例如，在"公共地的悲剧"的例子中，草原专业对草地的"载畜量"做过大量的研究，这个载畜量就是一片草地最多可以承载羊马的数量，就是图 3-2（a）或图 3-2（b）中的 X_1 阈值。图 3-2（b）中的 X_2 阈值可以认为是草地的极限载畜量（也就是说，达到这个数，草地就完全破坏）。又如，在人水和谐问题中，水资源行业对区域或流域水资源可利用量阈值做过大量的研究，一般认为"水资源利用率合理阈值为 30%，极限阈值为 40%"。也就是，图 3-2（a）或图 3-2（b）中的 X_1 阈值为 30%，X_2 阈值为 40%。再如，通过对黄河下游健康河流研究，证实"平滩流量 4000～5000m^3/s 应作为黄河下游健康主槽的标准"，且不宜大于 5500m^3/s，不宜小于 3500m^3/s，也就是图 3-2（e）中的 X_2 阈值为 4000，X_3 阈值为 5000，X_1 阈值为 3500，X_4 阈值为 5500。

（4）图 3-2（f）～图 3-2（j）表示 i 与统一度 a 之间的关系，也就是把"对 a 值大小限制在某一范围"作为和谐目标。例如，图 3-2（f）中表示 $a < a_1$ 就认为 $i=0$，即无论 a 值多少，只要 $a < a_1$，和谐度都为 0。

（5）以上所显示的和谐系数 i 值都是针对某一因素的单个和谐目标的函数（图 3-2），如果针对某一因素有 2 个或多个和谐目标，可能得到诸如图 3-2 所示的两个或两个以上的 i 值，这时需要根据多个 i 值转换得到最终的 i 值。具体转换方法为：①可以通过取最小值的方法来得到，即 $i=\min\{i_k\}$（$k=1,2,\cdots,K$），K 为某一因素下得到的和谐系数个数；②也可以通过取平均值（或加权平均）得到，即：$i=\dfrac{\sum\limits_{k=1}^{K} i_k}{K}$。多个和谐目标情况的实例比较多，比如，针对"水资源利用"因素的分析，可以把和谐目标分解为"用水量小于或等于水资源可利用量""水质好于或等于水质目标值"两方面，这样就需要根据这两方面来确定最终的 i 值。

（三）不和谐系数 j 的确定方法

不和谐系数 j 是反映和谐参与者对存在分歧现象的重视程度。其值的确定有多种形式，可以根据分歧度确定不和谐系数曲线或函数，这里列举几种不和谐系数 j 与分歧度 b 之间的关系曲线，可供借鉴，如图 3-3 所示。

图 3-3 所给出的几种不和谐系数 j 与分歧度 b 之间的关系曲线，仅仅是一些代表形式，还可以给出很多类似的曲线，这里就不再一一列举。只要确定了以上类似关系曲线，就可以直接根据分歧度 b 计算得到不和谐系数 j。

当然，在一些情况下，如果不能建立不和谐系数 j 与分歧度 b 之间的关系曲线时，就可以根据和谐参与者对存在分歧现象的重视程度给出不和谐系数。如果和谐参与者不全是有理性的人时，就不能通过和谐参与者的判断来确定。这时，可以通过向相关者或了解情

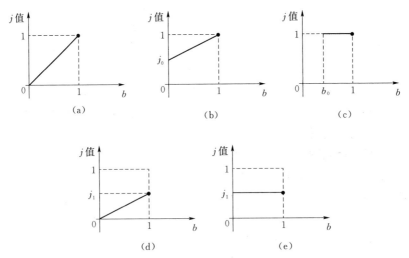

图 3-3 不和谐系数 j 与分歧度 b 关系曲线示意图

况的人群进行问卷调查的方式来统计得到这一系数。

四、和谐度方程（HDE）评价方法

（一）概述

"评价"一词或"评价"工作，在日常生活和科研工作中经常遇见，也有多种多样的评价方法，更有难以统计的评价成果。本节主要引自文献［4］，将介绍笔者在文献［4］、［5］中提出的和谐度方程（HDE）评价方法。

目前常用的评价方法可以分成两大类，即分类等级评价和综合程度评价。分类等级评价是按照判别等级标准对评价对象进行评价，其评价结果以分类或分等级形式呈现。综合程度评价是对具有代表性的各属性要素进行归纳与计算，得到一个能表征综合评价对象整体特征和性能的指标，通过对比该指标的评判标准，最终确定评价结果。

虽然上述两类评价方法的出发点和思路不同，但其采取的一般评价步骤大体一致，即：①确定评价的目的，并据此选择恰当的评价指标；②确定评价标准；③确定各指标权重，以区分各评价指标的重要程度；④根据评价目的、实际需要，选择恰当的评价方法；⑤评价计算，并分析计算结果的合理性。

针对当前评价中常见的两种类型"分类等级评价"和"综合程度评价"，分别介绍 HDE 评价方法的一般步骤和计算过程。对于分类等级评价，通过对 HD（y_0）的设定，使得该方法既适用于单因子评价，又适用于多因子综合评价。对于综合程度评价，可以根据具体问题，选择计算参数，计算得到综合程度评价 HD 值，据此判断综合程度评价结果。应用结果表明，HDE 评价方法具有和一般评价方法相似的求解步骤，但具有显著的优势，能够较好地反映出评价结果，具有较好的普适性和灵活性，可以推广应用于一般问题的评价[4]。本节只介绍 HDE 评价方法的计算步骤，详细的应用实例参见第七章第三节。

（二）针对"分类等级评价"的 HDE 评价方法

针对"分类等级评价"的 HDE 评价方法，其评价操作流程如图 3-4 所示。

具体评价步骤如下。

1. 确定评价指标和标准

根据评价目的，遵循系统性、科学性、可比性、可测性和独立性原则，选取评价指标。对于某些评价对象，可能已有很多相关方面的研究或较为成熟的指标供选择，如地下水质评价指标，《地下水质量标准》（GB/T 14848—2017）中就有较为详细的介绍。这里假设以 X 来代表评价指标集合，n 为评价指标的个数，则评价指标可表示为 x_1、x_2、x_3、$\cdots$、x_n。

评价等级标准的确定是评价的重要内容之一。一般情况下，需要确认是否存在现有的评价等级标准可供选择，如地下水质评价中就划分了 5 个等级（即 Ⅰ、Ⅱ、Ⅲ、Ⅳ、Ⅴ级）的水质标准。如果没有，则可视情况进行界定。这里假设以 Y 来代表评价等级标

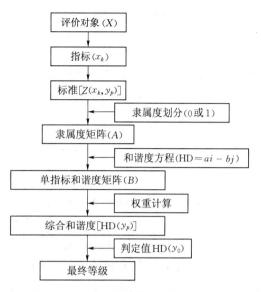

图 3-4　针对"分类等级评价"的 HDE
评价方法操作流程

准集合，m 为评价等级标准的个数，则评价等级标准可表示为 y_1、y_2、y_3、$\cdots$、y_m，这里的标准按照优劣顺序进行排列。以 $Z(x_k, y_p)$ 来表示第 k 个评价指标所对应的第 p 个评价等级标准的取值范围，具体形式见表 3-2。

表 3-2　　　　　　　　　n 个评价指标所对应的 m 个评价等级标准

指标	评 价 等 级 标 准				
	y_1	y_2	y_3	$\cdots$	y_m
x_1	$Z(x_1, y_1)$	$Z(x_1, y_2)$	$Z(x_1, y_3)$	$\cdots$	$Z(x_1, y_m)$
x_2	$Z(x_2, y_1)$	$Z(x_2, y_2)$	$Z(x_2, y_3)$	$\cdots$	$Z(x_2, y_m)$
x_3	$Z(x_3, y_1)$	$Z(x_3, y_2)$	$Z(x_3, y_3)$	$\cdots$	$Z(x_3, y_m)$
$\vdots$	$\vdots$	$\vdots$	$\vdots$	$\vdots$	$\vdots$
x_n	$Z(x_n, y_1)$	$Z(x_n, y_2)$	$Z(x_n, y_3)$	$\cdots$	$Z(x_n, y_m)$

2. 确定指标权重

指标权重的大小是反映各评价指标在指标集合中的重要程度，但不同评价指标往往会因量纲的不同导致权重无法直观判断，需要采用专门的权重确定方法。目前常用的权重确定方法有等权重法、AHP 法、Delphi 法、变异系数法等。设确定的权重向量为 $W=(w_1, w_2, w_3, \cdots, w_n)$，$n$ 为评价指标的个数，$w_k \in [0,1]$，$\sum\limits_{k=1}^{n} w_k = 1$。

3. 判断单指标的等级或评价隶属度大小

设一次评价对象的指标值集合为：$X=(x_1, x_2, x_3, \cdots, x_n)$，$n$ 为指标的个数。逐个选取 X 中的各指标值，对照表 3-2 中该评价指标所对应的评价等级标准进行类别隶属度划

分。如果该指标值处于其所对应的某个评价等级标准范围内，则在该处标记为 1（证明此指标完全隶属于该类评价等级）。同时，劣于该评价等级的所有等级同样标记为 1（即该指标值同样满足比其低的评价等级）。否则，均标记为 0。以此类推，直到所有指标值所对应的评价等级的类别隶属度均划分完成，此时，会得到一个由 0 和 1 组成的 n 行 m 列隶属度矩阵，简称 A 矩阵。记作：

$$\boldsymbol{A} = \begin{bmatrix} A_{11} & A_{12} & \cdots & A_{1m} \\ A_{21} & A_{22} & \cdots & A_{2m} \\ \vdots & \vdots & \ddots & \vdots \\ A_{n1} & A_{n2} & \cdots & A_{nm} \end{bmatrix} \tag{3-8}$$

4. 计算属于不同类型的 HD 的大小

根据和谐度方程 HD$= ai - bj$ 的定义可知，所有指标所对应的评价等级 A 矩阵中的隶属度值，即为隶属于不同评价等级的统一度值。此时，可以视具体情况对 HDE 方程中的 i、j 值进行确定，并代入和谐度方程 HD$= ai - bj$ 计算得到各指标所对应评价等级的和谐度值 HD(x_k, y_p)，所有 HD(x_k, y_p) 所组成的矩阵，称其为单指标和谐度矩阵，简称 B 矩阵。当然，为了简化计算，这里令 HDE 方程中的 $i = 1$、$j = 0$，则其统一度值即为 HD 值，此时 $A = B$。

接着，由多指标和谐度计算方法将评价对象 X 分属于不同 y_p 等级类型的 HD(x_k, y_p) 值进行综合，即

$$\mathrm{HD}(y_p) = \sum_{k=1}^{n} \omega_k \times \mathrm{HD}(x_k, y_p) \tag{3-9}$$

式中：HD(y_p) 为评价对象分属于不同 y_p 等级类型的综合和谐度值，HD$(y_p) \in [0,1]$；HD(x_k, y_p) 为 x_k 指标对应 y_p 评价等级的单指标和谐度值，HD$(x_k, y_p) \in [0,1]$；其他符号意义同前。

综上，可得到评价对象 X 的 HD 向量：$[\mathrm{HD}(y_1), \mathrm{HD}(y_2), \cdots, \mathrm{HD}(y_p), \cdots, \mathrm{HD}(y_n)]$。

5. 判断评价结果及合理性分析

根据上文的设定条件及计算过程，可以确定 HD 向量中的数值必定满足如下关系：
$$\mathrm{HD}(y_1) \leqslant \mathrm{HD}(y_2) \leqslant \cdots \leqslant \mathrm{HD}(y_p) \cdots \leqslant \mathrm{HD}(y_n)$$

设 HD(y_0) 为可接受的评价最低值，HD$(y_0) \in [0,1]$。将 HD(y_0) 分别与 HD 向量中的数值进行比较，按照从小到大的顺序，即 p 从 1 变化到 n，当出现 HD$(y_p) \geqslant \mathrm{HD}(y_0)$ 时，则 y_p 即为该评价对象的最终评价等级。特别是当设定 HD$(y_0) = 1$ 时，即以评价对象所有指标中最劣评价等级作为最终的评价等级，即为单因子评价。也就是说，单因子评价方法是 HDE 评价方法的一种特例。由此可以看出，HDE 评价方法完全符合多因子综合评价方法的思路，又涵盖单因子评价方法，是集单因子评价方法、多因子综合评价方法于一体的一种新方法；同时又可以选择 HD(y_0) 的不同判断标准来计算确定评价结果，体现其灵活性，这是其他许多评价方法所不具备的。

（三）针对"综合程度评价"的 HDE 评价方法

针对"综合程度评价"的 HDE 评价方法，其评价操作流程如图 3-5 所示。

具体评价步骤如下。

1. 确定评价指标和标准

评价指标的确定方法与分类等级评价的一样，而评价标准与分类等级评价略有不同，其评价标准有多种形式，可以是具体的多个节点标准，也可以是最优值的标准，也可以是模糊的范围标准。需要根据具体的评价目的和要求来对标准进行选择。比如，n 个评价指标 x_1、x_2、x_3、$\cdots$、x_n，隶属于综合程度最优（$\mu=1$）的隶属度值 μ 分 5 段，即 6 个节点，分别为 $\mu=0$、0.2、0.4、0.6、0.8、1，则可以给出每个指标对应的 6 个节点处的标准值，即表示为 $Z(x,\mu)$，其中 $x=x_1$、x_2、x_3、$\cdots$、x_6，$\mu=0$、0.2、0.4、

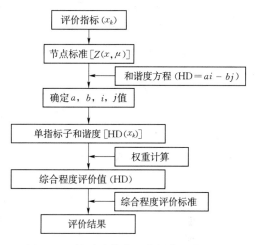

图 3-5 针对"综合程度评价"的 HDE
评价方法操作流程

0.6、0.8、1。再比如，只知道 $\mu=0$、1 对应的 2 节点标准值 $Z(x,\mu)$。甚至只知道 $\mu=1$ 对应的 1 节点标准值 $Z(x,\mu)$。

2. 确定指标权重

指标权重确定的缘由及方法与分类等级评价的一样，不再赘述。

3. 计算单指标子和谐度 HD 的大小

设某评价对象的指标值集合为 $X=(x_1,x_2,x_3,\cdots,x_n)$，$n$ 为指标的个数。在指标体系中，每一个指标与"综合最优"（针对综合程度评价）之间均存在一个子和谐度 $HD(x_k)$。可以根据具体的评价问题，选择不同的计算方法来确定单指标的 $HD(x_k)$ 大小。具体步骤和可选择的主要方法如下：

（1）根据和谐度方程 ［式（3-2）］，先计算统一度 a。

假如：给出的指标标准是 2 节点或以上，则可以根据节点线性段写出线性方程。那么，就可以计算任意指标对应的隶属度值 μ。这个 μ 值可以认为是 $HD(x_k)$，也可以认为是统一度 a，需要根据具体情况作出选择。

假如：给出的指标标准是 1 个节点，比如 $\mu=1$ 对应的节点标准值 $Z(x_0,1)$。这时候，首先要判断这个指标是正向指标还是逆向指标，然后根据实际情况选择某计算公式来计算统一度 a，比如，正向指标可选计算式 $a=\mu_k=\dfrac{x_k}{x_0}$，逆向指标可选计算式 $a=\mu_k=1-\dfrac{x_k-x_0}{x_0}$（不一定都适用）。当然，也可以采用其他表达式。

（2）计算分歧度 b。可以采用类似统一度 a 的计算方法，也可以采用基于 a 的简便计算，即 $b=1-a$。

（3）计算或确定和谐系数 i。这一步是该方法优越于其他一般综合评价方法的关键点，可以灵活地根据实际情况确定和谐系数 i。

（4）计算或确定不和谐系数 j。可以采用类似和谐系数 i 的计算方法。

（5）代入和谐度方程，计算各指标的 HD(x_k) 大小。

4. 计算指标综合程度 HD 的大小

最后，对所有指标的 HD(x_k) 值进行综合，得到综合程度评价 HD 值。可采用加权平均计算公式（3-3），也可采用指数权重加权计算公式（3-4）。

5. 结果分析及讨论

根据如上的计算过程，可以得到表征评价对象的综合程度评价值 HD，通过将 HD 值与综合程度评价标准进行对比，即可确定该评价对象的最终评价结果。根据 HD 值确定综合程度评价标准，与一般的模糊综合评价方法类似。

这一方法的特点是：当取 $i=1$、$j=0$ 时，就转化为一般模糊综合评价方法；当取 $i\in[0,1)$、$j=0$ 时，就转化为修正的模糊综合评价方法，即根据情况对隶属度函数进行一定的修正；当取 $j\in(0,1]$ 时，放大了指标与"标准"值存在差距的事实，比一般模糊综合评价方法的评价结果更保守，适合于要求更严格的综合评价。由此可见，该方法比一般模糊综合评价方法表现得更灵活。

第三节　和谐论理论方法及应用体系

本节主要基于文献［3］简要介绍和谐论理论方法及应用体系与主要内容，是构建人水和谐论理论方法及应用体系的基础。

一、和谐论理论方法及应用体系

基于和谐论概念、理论方法及应用主要内容，总结出和谐论理论方法及应用体系框架，如图 3-6 所示[3]。和谐论与一般的理论方法体系一样，包括和谐论的理论方法部分和和谐论的应用部分。组成和谐论理论方法的内容包括和谐论的思想、观念，和谐论五要素，和谐度方程，和谐分析数学方法，和谐平衡理论，以及和谐论的 3 个重要技术方法内容——和谐辨识、和谐评估、和谐调控；组成和谐论的应用部分的内容包括相互联系、相互支持的两部分，即定性分析和定量分析。

笔者提出的和谐论理论方法体系是：以辩证唯物主义"和谐"思想为基本指导思想，倡导"以和为贵、理性看待差异"的和谐思想，用和谐论五要素来定性描述和谐问题，用和谐度方程来定量刻画和谐问题，度量和谐程度，用和谐分析数学方法来构筑和谐论量化研究的数学基础，运用和谐平衡理论来寻找和谐问题的"平衡点"，采用和谐辨识、和谐评估、和谐调控方法对和谐问题进行量化研究。

二、主要内容简介

1. 理论方法研究内容

在理论方法研究中，和谐论的思想、观念是和谐论存在和发展的重要基础，也是和谐论的精髓，体现出和谐处理问题的基本指导思想和重要观点。我们提倡的和谐论思想和观点，应是一种正确的、积极向上的、符合辩证唯物主义哲学思想的，能在处理社会、经济、政治、文化、宗教等问题上发挥积极作用的思想和观点。例如，运用和谐论处理诸如

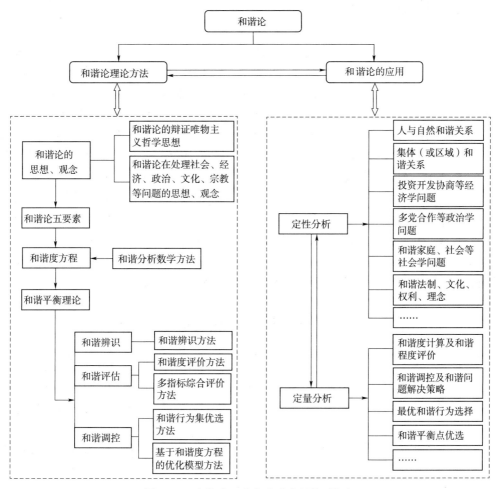

图 3-6 和谐论理论方法及应用体系框架

经济学中的"投资开发协商问题"、政治学中的"多党合作问题"、社会学中的"和谐家庭问题"等。

和谐论五要素是合理表达、定量描述和谐论的 5 个最基本要素，能把某一和谐问题的和谐论五要素说清楚，基本就能把该和谐问题表述清晰。

和谐度方程是定量评估和谐状态的基本方程，由统一度、分歧度、和谐系数、不和谐系数构建而成，能够非常客观、全面地表达和谐论的基本思想，是和谐论量化研究的基石。

和谐论定量化研究需要有比较扎实的数学基础，和谐分析数学方法为和谐论量化研究奠定了数学基础。

和谐平衡是处于一定水平的一种相对静止的状态，寻找和谐问题的"平衡点"是现实中一项重要内容，和谐平衡理论为其提供理论依据。

和谐辨识、和谐评估、和谐调控是和谐论 3 个重要技术方法。和谐辨识是用于辨识和谐度大小的影响因素，主导和谐方的贡献大小或主次。和谐评估是用于评估一个和谐问题的状态或和谐程度大小，对认识和谐问题具有重要作用。和谐调控是针对具体问题为了达到和谐状态而采取的具体调控措施。

2. 应用研究内容

在定性分析应用中，主要是基于和谐论的思想、观念以及和谐论五要素，对和谐问题进行分析研究，包括人与自然的和谐关系，集体（或区域）和谐关系，投资开发协商等经济学问题，多党合作等政治学问题，和谐家庭、和谐社会等社会学问题，和谐法制、文化、权利、理念等内容。这些在生活实践、意识形态中经常遇到，具有广阔的应用前景。

在定量分析应用中，主要是基于和谐度方程、和谐平衡、和谐辨识、和谐评估、和谐调控以及与其他学科的交叉，研究和谐论及其相关的应用问题，如和谐度计算及和谐程度评价、和谐调控及和谐问题解决策略、最优和谐行为选择、和谐平衡点优选、和谐因素辨识以及其应用实例等。例如，在水资源学中的应用，包括：①分区分部门水资源合理分配的和谐论模型；②跨界河流分水问题的和谐论模型；③跨流域调水问题的和谐论模型；④水资源管理的和谐论策略；⑤构建人与自然和谐相处的和谐论途径；⑥水价制定中的和谐论策略。除此之外，这一理论在污水排放与处理问题、土地使用问题、矿山开发问题、贸易问题、工业布局与生产问题等其他领域都有广泛的应用前景。

第四节　和谐论应用

和谐论理论方法已成功应用于水利、环境、农业、矿山、化工、卫生、管理等许多方面，在实践中不断积累经验和促进理论方法的深入研究。目前，这方面的应用还在不断拓广。为了更进一步把和谐论推广到不同领域，笔者在文献［6］中提出了部门和谐论的概念和思路，本节主要引自文献［6］来介绍和谐论的应用范围。

部门和谐论是指运用和谐论的思想、理念以及理论方法，研究国民经济某一部门或某一领域和谐问题的应用分支学科。部门和谐论的理论基础为和谐论的一般理论方法，是和谐论应用于具体部门或领域形成的独立分支。因此，既可以看成是和谐论理论方法的应用，也可以看成是和谐论体系中"应用实践"的一部分。

具体来讲，就是应用和谐论的思想与理念、量化理论基础（和谐论五要素、和谐度方程、和谐平衡理论）、技术方法（和谐辨识、评估、调控方法）以及应用实践经验，研究国民经济具体部门或领域的和谐问题。根据目前我国部门管理现状，可以应用的部门或领域有资源利用、环境保护、城市建设、国土规划、农业发展、工业发展、林业发展、畜牧业发展、经贸金融、安全稳定、国防建设等[6]。

1. 资源利用

人类生存和发展必然要开发利用资源。许多资源（水、空气、生物等）是人类生存的基础，甚至是不可或缺的物质基础。此外，人类发展又必须借助一些资源，如水能、风能、矿产等。然而，由于自然界有其自身的发展规律。人类在开发利用资源的过程中，必然会对资源产生影响甚至是破坏。如果人类开发利用超过自然界可承受的极限，就会带来自然界破坏（如水资源短缺、水土流失、植被退化、生态环境恶化）。因此，人类必须限制自己的行为，保障资源利用与保护协调，促进和谐发展。

主要应用领域包括：①资源利用与经济社会发展和谐关系；②资源循环利用模式及效

率评价；③资源开发与环境保护协调问题；④资源节约与循环利用协调及综合效益评估；⑤资源开发与废弃资源综合利用协调；⑥多种资源优化分配与科学利用保障体系；⑦资源一体化综合管理方式与管理体制。

2. 环境保护

环境问题是 21 世纪以来全世界面临的最严峻挑战之一，环境保护是 21 世纪人类发展的主旋律，是人类生存和发展必须面对的棘手问题。人类的生产生活给自然界带来一定程度上的破坏，反过来又影响人类自身。人类必须主动协调好与环境的关系，保护好人类的生存环境。

主要应用领域包括：①环境保护顶层设计与和谐发展；②资源适度开发与环境保护的和谐平衡；③生物多样性保护与生态和谐平衡；④保护环境与保障经济长期稳定增长的和谐关系；⑤环境保护与国家安全的协调；⑥工程建设、土地开发、城市建设等与环境保护的协调；⑦环境保护的政府主导与市场调节相结合机制；⑧环境保护政策法律制度；⑨环境保护行政、法律、经济、技术、宣传等多途径综合与协调。

3. 城市建设

城市是非农业产业和非农业人口集聚，人口密度大，行政管理、工业和商业、住宅以及服务业比较齐全和集中的地区。城市化是人类发展的趋势，随着经济社会发展，城市化率越来越大，带来的城市问题（如供水、交通、环境）也愈加严重。为了避免因城市发展带来的问题，必须协调方方面面的工作，促进城市和谐发展。

主要应用领域包括：①城市规划顶层设计与和谐发展；②城市适宜规模与资源环境约束关系；③资源合理利用、环境有效保护条件下的城市发展规模确定；④海绵城市建设与城市绿色发展模式；⑤城市文化传承与生态文明建设；⑥城市交通规划与管理；⑦城市水资源优化配置与调度；⑧城市抗灾与安全保障；⑨城市体系规划与重大基础设施网络配置；⑩和谐城市建设与评估。

4. 国土规划

国土规划是国民经济和社会发展计划体系的重要组成部分，是国家或地区编制中、长期发展计划的重要依据。国土规划内容非常广泛，涉及土地、水、矿产、森林、草地、海洋等自然资源的合理开发，以及劳动力、人才、信息、物质财富、资金、技术等经济社会资源的有效利用。通过协调经济社会发展与资源、环境之间的和谐关系，提出国土开发、利用、整治和保护的战略规划和重大措施，以支撑经济社会和谐发展。

主要应用领域包括：①国土资源开发规模与布局；②国土资源综合利用与优化配置；③经济社会发展与资源、环境协调发展战略；④国土资源开发、利用、管理和保护协调问题；⑤国土资源开发与经济社会空间匹配格局；⑥重大基础设施建设的国土规划；⑦国土资源的综合评价及开发效益评估；⑧国土整治和环境保护；⑨国土开发整治关键指标（如可供水量、水能资源开发利用率、防洪标准、耕地保有面积、耕地灌溉面积、水土流失治理面积、沙漠化防治面积、盐碱化治理面积、森林覆盖率、城市化率等）确定。

5. 农业发展

农业是第一产业，包括种植业、林业、畜牧业、渔业、副业，是人类衣食之源、生存之本，是支撑国民经济的基础产业。但是，农业发展也带来了环境污染、水资源短缺、水土流失、生态退化等问题。在当今和未来应特别重视发展高科技农业，发展与保护协调，农业用地与生态植被用地协调，农业用水与生态用水协调，促进农业可持续发展。

主要应用领域包括：①农业发展规划顶层设计与和谐发展；②农业灌区规划与规模确定；③种植农业与生态农业协调；④农业用水与生态用水协调；⑤现代农业建设与运行模式（绿色农业、物理农业、休闲农业、工厂化农业、特色农业、观光农业、立体农业、订单农业、精准农业等）；⑥农业发展与生态环境治理协调；⑦国家粮食安全与城乡协调发展；⑧新农村建设与农业和谐发展。

6. 工业发展

工业是最重要的物质生产部门之一，是第二产业的重要组成部分，在国民经济中起主导作用，决定着国民经济现代化的速度、规模和水平。然而，工业发展需要消耗资源，容易带来一系列环境污染问题，因此，在快速发展工业的同时，需要提高工业生产效率，协调工业发展与资源消耗、环境保护之间的关系，促进工业可持续发展。

主要应用领域包括：①工业发展规划顶层设计与和谐发展；②工业结构与布局优化调整；③工业运行模式与优化；④污染严重工业区位选择；⑤入河污染负荷优化分配；⑥工业发展与环境保护协调。

7. 林业发展

林业是一个培育和保护森林以取得木材和其他林产品的生产部门，是国民经济的组成部分，其主要任务是：充分发挥森林的多种效益，持续经营森林资源，保护生态环境，维持生态平衡，促进经济社会与资源环境协调发展。

主要应用领域包括：①林业发展规划顶层设计与和谐发展；②林业生态平衡战略与生态环境保护规划；③林业发展保护适宜规模；④林业经济社会与生态综合效益评估及生态补偿机制；⑤林区生态作用及生态林区建设；⑥天然林资源保护工程及森林资源安全；⑦植被恢复与森林质量优化；⑧城乡绿化及绿色通道建设；⑨林木种植-采伐-保护综合管理体系。

8. 畜牧业发展

畜牧业是一个利用畜禽或野生动物，通过人工饲养、繁殖，以取得肉、蛋、奶、毛、皮和药材等畜产品的生产部门。但有些畜禽养殖对环境带来一定的污染。所以，畜牧业发展受自然条件的限制，必须因地制宜，促进经济社会与资源环境协调发展。

主要应用领域包括：①畜牧业发展规划顶层设计与和谐发展；②生态平衡战略与畜牧业发展规划；③草场载畜量与养殖规模；④畜牧业综合生产能力和保障市场有效供应能力协调关系；⑤畜群结构优化与控制；⑥草原综合效益评估与生态补偿机制；⑦草地资源保护及资源安全；⑧城郊畜牧业发展与副食品基地建设；⑨畜禽养殖污染控制与绿色畜牧业生产；⑩畜牧业综合管理与安全保障体系。

9. 经贸金融

经贸金融包括经济、贸易、金融，是与经济学有关的行业总称。经济学中既有博弈，也有协作，总体需要保持经济、贸易、金融市场平稳、协调发展。

主要应用领域包括：①经济、贸易、金融规则顶层设计与和谐发展；②自然和社会资源配置与经济分析；③经济危机与稳定；④贸易规则与模式；⑤贸易平稳与失衡；⑥银行、证券、保险、信托等金融市场建设；⑦金融组织体系、稳定制度和调控机制。

10．安全稳定

安全稳定的社会环境是人类生存和生产的重要保障，是做好一切工作的前提。随着改革进入攻坚期和深水区，社会矛盾复杂化、多元化，维护社会安全稳定的任务越来越艰巨，必须以和谐的思想化解社会矛盾，防范各种不安全因素，扎实做好安全稳定工作。

主要应用领域包括：①安全稳定战略顶层设计与和谐发展；②安全稳定风险预警与防范；③安全稳定因素识别和风险管理；④社会矛盾处置与和谐稳定；⑤消防安全、交通安全、施工安全、生产安全、校园安全和食品药品安全等监管与事故快速处置；⑥和谐社会法律保障与法制建设。

11．国防建设

为了国家安全利益而进行的国防建设，是国家建设的重要组成部分。国防建设是一个系统工程，需要科学规划、系统建设。同时，国防建设应与经济建设、社会发展、国际关系、科技进步协调、融合、和谐发展。

主要应用领域包括：①国防建设顶层设计与和谐发展；②国家安全和发展战略；③经济建设和国防建设融合发展；④军民深度融合协同发展；⑤国防建设体制机制与政策法规体系；⑥海洋开发和海上维权；⑦国防建设与国际关系。

第五节　人水关系研究应用和谐论的必要性与可行性

本节主要引自文献［3］，阐述人水关系研究应用和谐论的必要性与可行性以及和谐论在人水关系研究中的主要内容。

一、必要性分析

（1）人类改善人水关系的出发点一般应该是"和谐"，而不是"博弈"，因此需要应用和谐论。人类在改造自然的过程中，从出发点来讲，应该大多数都是希望"改善"人与自然的关系。既然是"改善"，其出发点就是朝着"好"的方向发展，至少愿望是这样。这是人类活动的本性或基本出发点。同样，人类改善人水关系的出发点应该是"和谐"，而不是"博弈"。某一时期人水关系可能是和谐的，也可能是不和谐的，但通过人类活动的调控，总是希望最终实现人水和谐关系。当然，并不是都如其所愿，可能事与愿违。因此，针对众多的人水关系协调问题，应用和谐论非常有必要。

（2）人水关系必须走"和谐"之路，这是人类发展的必然选择。自工业革命以后，人类使用上了可以帮助人类工作的"机械"，改造自然的能力大幅度提高，希望从自然界获得的东西越来越多，受"人定胜天"思想观念的影响，人类幻想着会征服自然。结果是由于无限制地开发利用自然，人类受到自然界的无情报复，出现了一系列由开发带来的问题，特别是人类面临开发带来的前所未有的环境灾难，迫使人类必须改变自己的行为，适应自然界的发展，走人与自然和谐发展之路。人水关系是人与自然关系的一部分，同样必须走"和谐"之路，这是人类发展的必然选择，也是不得已的选择。因此，指导和研究人水关系问题确实需要和谐论。

（3）人水关系复杂，现实水问题矛盾众多，必须贯彻和谐思想。人文系统、水系统都是十分复杂的巨系统，那么由二者构成的人水系统则更加复杂。实际上，人水系统是一个整体，很难把"人""水"分开，也很难把其关系理顺清楚。基于人水系统的人水关系则极其复杂。由于水资源循环能力的有限性，水系统可承载人类社会规模是有限的，而人类总希望从自然界获得更多的资源和发展基础，这就必然带来人与自然的矛盾、人与人的矛盾，这也得到历史经验教训的印证。目前出现的水资源短缺、洪涝灾害、水环境污染等水问题日益突出，出现的矛盾众多，在处理现实水问题和用水矛盾时必须贯彻和谐思想，应用和谐论是非常必要的。

二、可行性分析

（1）从研究人水关系的和谐问题开始，逐步推广、提升、总结成和谐论理论方法体系。所以，和谐论反过来应用于研究人水关系是可行的。

笔者从 2005 年开始研究人水关系的和谐问题，当时和谐问题还缺乏量化研究方法。笔者于 2006 年首次提出人水和谐量化理论及应用研究框架[7]；2009 年在《人水和谐量化研究方法及应用》一书中全面阐述了人水和谐量化研究方法及应用研究成果[8]，包括量化指标、指标度量、和谐度计算、人水关系调控与管理等；2009 年首次提出和谐论的数学描述方法，从而奠定和谐问题的数学基础[1]；又经过两年多的研究，继而系统提出了和谐论理论方法体系，并介绍了和谐论在人水关系研究中的大量应用研究成果。因此，和谐论反过来应用于研究人水关系是完全可行的。

（2）和谐论在人水关系研究中有"用武之地"，适用于解决众多人水矛盾问题。人水关系复杂，人类开发利用水资源的欲望越来越强，人水矛盾问题越来越复杂，需要解决的呼声越来越强烈，这正是和谐论要解决的问题，因此，人水关系研究为和谐论提供了很好的用武之地，和谐论可以在人水关系研究中大显身手。

（3）从理念到定性分析再到定量分析，都说明和谐论在人水关系研究中具有重要的应用价值。和谐论理念可以应用于分析人水关系，指导水资源开发与保护，寻求人水和谐发展之路。从定性分析角度，和谐论可以帮助人们科学分析水资源状况、合理认识人水关系，寻找水资源管理策略。从定量分析角度，可以应用和谐论定量评估人水和谐状态、辨识主要影响因素、优化人水关系和谐调控策略。这些都说明和谐论在人水关系研究中具有重要的应用价值。

三、和谐论在人水关系研究中应用的主要内容

和谐论在人水关系研究中应用的主要内容大致包括以下几方面：①基于和谐论理念，解读人水关系，有助于人们正确认识人水关系，合理开发利用水资源，走人水和谐之路；②和谐平衡理论应用于人水关系研究，有助于寻找水资源开发与保护的"平衡点"，既满足人们对水资源的开发需求，又满足自然界的承受能力约束，实现协调发展；③和谐辨识方法应用于人水关系，有助于科学认识人水相互作用机理、辨识主要影响因素，为和谐评估与调控奠定基础；④和谐评估方法应用于人水关系，有助于系统分析人水关系的作用及影响，定量评估人水系统的和谐程度；⑤和谐调控方法应用于人水关系，有助于科学分析

人水和谐调控方向，提出调控对策，应用于水资源规划方案编制、水价制定、用水调度、政策制度制定等。

参 考 文 献

[1] 左其亭．和谐论的数学描述方法及应用 [J]．南水北调与水利科技，2009，7（4）：129－133．

[2] 左其亭．和谐论：理论·方法·应用 [M]．北京：科学出版社．2012．

[3] 左其亭．和谐论：理论·方法·应用 [M]．2 版．北京：科学出版社．2016．

[4] 左其亭，韩春辉，马军霞，等．和谐度方程（HDE）评价方法及应用 [J]．系统工程理论与实践，2017，37（12）：3281－3288．

[5] Qiting Zuo，Chunhui Han，Jing Liu，et al．A new method for water quality assessment：by harmony degree equation [J]．Environmental Monitoring and Assessment，2018，162：1－12．https：//doi.org/10.1007/s10661－018－6541－6．

[6] 左其亭．部门和谐论主要研究内容及应用领域 [J]．社科纵横，2016，31（11）：42－46．

[7] 左其亭，高丹盈．人水和谐量化理论及应用研究框架 [M] //高丹盈，左其亭．人水和谐理论与实践．北京：中国水利水电出版社，2006．

[8] 左其亭，张云．人水和谐量化研究方法及应用 [M]．北京：中国水利水电出版社，2009．

第四章　人水和谐论的提出及研究展望

本章在文献［1］的基础上，阐述人水和谐论的提出背景及意义，总结人水和谐论的发展历程及代表成果，并对其未来研究进行展望。

第一节　人水和谐论的提出背景及意义

（1）从对人水关系的认识阶段和治水思想演变，来看人水和谐理念和理论的提出及意义。

"人水关系"自人类一出现就客观存在，这与人类生存和发展离不开水有关。人类发展的过程实际上也是不断认识和处理人水关系的过程。在人类社会早期，人类改造自然的能力较低，以水系统近乎自然、顺应自然为主。随着生产力水平的提高，到了20世纪中下叶，人类改造自然的能力大大提升，甚至开始出现掠夺自然的局面，带来了一系列生态和环境问题，又迫使人们开始思考如何协调人与自然的关系，实现可持续发展。到20世纪末，可持续发展模式渐渐被国际社会所接受，对人水关系的认识也从"肆意掠夺"到"被迫限制自己行为"再到"主动走向人水和谐"。与此同时，治水思想也发生着演变，从20世纪中期的"经济效益最大的开发模式"到20世纪80年代的"综合效益最大的开发模式"，再到20世纪末的"可持续水资源利用模式"，以及到21世纪初期的"人水和谐治水模式"，治水思想发生很大变化。一方面，人们的认识水平随着时代的发展在不断提高；另一方面，出现的人水矛盾越来越突出，人类对美好生存环境的愿望不断提高，迫切需要新理论来解决。也就是在此背景下，产生了人水和谐理念以及研究其问题的人水和谐论理论方法，对指导和解决人水关系问题具有重要意义。

（2）人水系统是人水和谐论的研究对象，具备形成理论体系的基础。

首先，人水系统有明确的内涵，是客观存在的一种巨系统；其次，人水系统广泛存在，是人类发展必然要面对的对象，也是解决人与自然矛盾特别是人与水矛盾的重要领域。在人水系统中既包括自然水循环和社会水循环各个过程，又包括与水有关的人类调控、配置水工程体系和法规、行政、经济、技术、教育等非工程措施。因此，研究人水系统涉及自然科学、社会科学的众多学科，比如水文学、水资源学、环境学、经济学、法学、社会学等，人水系统的研究绝非一个学科所能解决的，需要多学科共同努力，是一个交叉学科研究领域（统称为水科学[2]）。其中，针对人水系统中的和谐问题研究，就形成了人水和谐论，对指导和研究人水关系问题具有重要的理论意义和实践价值。

（3）研究复杂的人水关系及其和谐问题，需要形成一个理论体系。

首先，人水系统是巨系统，其关系十分复杂，很难甚至不可能把其关系完全梳理清楚；其次，人水矛盾日益突出，解决这些矛盾确实非常困难。随着经济社会发展，人水关系越来越复杂，人水矛盾越来越突出。理顺这些关系、解决这些矛盾，必须贯彻人水和谐思想，走人水和谐之路。然而，处理这些复杂问题需要有一个相对完善的理论体系，这就是人水和谐论创立的重大需求和驱动力。

第二节　人水和谐论的发展历程及代表成果

基于对人水和谐论提出背景的分析和发展历程总结，特别是考虑不同时期的代表事件，把人水和谐论的发展历程分为三个阶段，见表 4 - 1。

表 4 - 1　　　　　　　　　　人水和谐论的发展阶段及代表事件[1]

时　间	阶段名称	重要经历（代表事件）
2005 年以前	人水和谐论萌芽阶段	• 从 2001 年起，在我国水利部门会议和文件、新闻媒体、社会舆论、生产实践中经常引用"人水和谐"或"人与自然和谐相处"等词 • 2004 年第 17 届中国水周宣传中，把"人水和谐"作为其活动主题，得到政府认可并开始对广大公众进行宣传 • 2005 年全国人大十届三次会议提出"实践科学发展观，构建和谐社会"的重大战略部署，"人水和谐"成为新时期治水思路的核心内容
2006—2017 年	人水和谐论形成阶段	• 2006 年召开的第四届中国水论坛，其主题是"人水和谐"，出版论文集"人水和谐理论与实践"，收录 250 篇论文，标志着学术界对人水和谐的系统研究 • 2006 年笔者在第四届中国水论坛论文集上发表《人水和谐量化理论及应用研究框架》一文，开启了人水和谐量化研究工作 • 2009 年笔者出版第一部以人水和谐量化研究为主要特色的专著《人水和谐量化研究方法及应用》 • 2006—2009 年笔者发表了多篇有关人水和谐量化研究的学术论文，其中 2009 年在《人水和谐论：从理念到理论体系》一文中明确提出"人水和谐论"一词 • 2011 年中央一号文件中提出 5 个基本原则，其中第 3 个原则是"要坚持人水和谐" • 2012 年《国务院关于实行最严格水资源管理制度的意见》文件中提出的第 2 个基本原则是"坚持人水和谐" • 2013 年《水利部关于加快推进水生态文明建设工作的意见》文件中提出的第 1 个基本原则是"坚持人水和谐，科学发展" • 2017 年中国共产党第十九次全国代表大会报告中，把"坚持人与自然和谐共生"纳入进"新时代中国特色社会主义思想和基本方略"
2018 年之后	人水和谐论发展阶段	• 到 2018 年，在我国治水指导思想中广泛采用人水和谐，学术界也开始大量研究，在理论与实践中涌现出大批成果，步入人水和谐论发展阶段 • 笔者系统总结人水和谐论的理论及应用研究成果，撰写《人水和谐论及其应用研究总结与展望》一文

一、人水和谐论萌芽阶段（2005年以前）

从上文对人水关系认识阶段的分析可以看出，从人类出现早期就存在人水关系，古代就有人水和谐治水思想，比如"天人合一"思想、大禹治水"因势利导、疏川导滞"思想、都江堰水利工程"趋利避害"建设方法等，都是人水和谐思想的体现。因此，人水和谐思想的提出可以追溯到古代。但上升到一种理论体系，或者说形成一个全面贯彻执行的、成熟的治水思想还是从21世纪初开始。

在21世纪初，为了指导处理人与自然的关系，慢慢发展出人与自然和谐相处的思想，其中包括人水和谐思想。从2001年起，在我国水利部门会议和文件、新闻媒体、社会舆论、生产实践中开始经常引用"人水和谐"或"人与自然和谐相处"等词。到2004年，第17届中国水周宣传中把"人水和谐"作为其活动主题，对广大公众进行宣传。2005年，全国人大十届三次会议提出"实践科学发展观，构建和谐社会"的重大战略部署，"人水和谐"成为新时期治水思路的核心内容。可以说，到此时，已经具备了形成人水和谐论的前期准备，称此时为萌芽阶段。

二、人水和谐论形成阶段（2006—2017年）

在国家重大需求的驱动下，学术界开始对人水和谐进行研究。2006年召开的第四届中国水论坛是以"人水和谐"为主题，出版了会议论文集"人水和谐理论与实践"，收录250篇论文，对前期人水和谐理念、理论、应用实践等工作进行总结，同时也提出一些研究展望，标志着我国学术界对人水和谐开始进行研究。也就是在第四届中国水论坛上，笔者首次提出人水和谐量化理论及应用研究框架[3]，开启了人水和谐量化研究工作。

2006—2009年，国内学者发表了多篇有关人水和谐量化研究的学术论文，如文献[4]、[5]。笔者在2009年出版了第一部以人水和谐量化研究为主要特色的专著《人水和谐量化研究方法及应用》[6]，提出了一套人水和谐量化研究方法体系，包括研究框架、量化准则、指标体系、量化方法、调控模型等。笔者在2009年发表的《人水和谐论：从理念到理论体系》一文中第一次使用"人水和谐论"一词，阐述人水和谐论的理念及理论体系[7]。

在这一阶段，政府文件中大量使用这一指导思想。比如，2011年中央一号文件中提出5个基本原则，其中第3个原则是"要坚持人水和谐"；2012年《国务院关于实行最严格水资源管理制度的意见》文件中提出的第2个基本原则是"坚持人水和谐"；2013年《水利部关于加快推进水生态文明建设工作的意见》文件中提出的第1个基本原则是"坚持人水和谐，科学发展"；2017年中共十九大报告把"坚持人与自然和谐共生"纳入进"新时代中国特色社会主义思想和基本方略"。至此，基本形成了人水和谐论的理论及应用体系。

三、人水和谐论发展阶段（2018年之后）

随着人水和谐理念的传播和广泛认可、理论研究的日益深入、实践工作的广泛应用，人水和谐论逐步发展起来。可以从两个方面来分析：①实践工作中大量应用这一理论方法。比如，在最严格水资源管理制度考核、水生态文明建设、农村水利建设、水资源综合规划、防洪抗旱减灾、海绵城市建设、河长制实施等许多实际工作中都在应用人水和谐思想和理论方法；②学术界大量研究，涌现出大批研究成果。前文已经列举了一些研究文献，下文将继续介绍有关成果，包括理论基础、技术方法、应用实践。可以认为，未来这一理论及应用会得到快速发展。

第三节　人水和谐论研究展望

基于对人水和谐论及其应用研究现状分析和总结，考虑未来发展需求，对人水和谐论研究展望如下。

一、人水和谐论的理论研究展望

（1）人水和谐论的内涵、基本原理、指导思想有待进一步挖掘和总结。目前，人水和谐论已基本形成，但很多论述还是初步的，比如，对人水和谐论基本原理的描述主要还是宏观和定性的，缺乏更深入的机理研究；对人水和谐指导思想的分析还比较笼统，缺乏从辩证唯物主义、自然辩证法、科学发展观等角度的深入分析，对治水指导的具体思想也缺乏系统性和针对性。

（2）人水和谐论的数学基础有待进一步深入研究。目前已经提出了和谐度方程、和谐度计算以及相关定量计算方法，但其数学基础仍较薄弱，需要从数学的角度进一步丰富其理论基础，为人水和谐论研究打下更加扎实的数学基础。

（3）人水和谐论理论体系有待进一步扩充、深入和完善。人水和谐论涉及的学科非常多，是一个典型的交叉学科方向。同时，因为其刚刚起步，理论总结还不完善，特别是伴随着需求而慢慢丰富的理论。因此，需要随着需求的增加再不断提出新的理论方法，从而不断扩充、深入和完善其理论体系。这也是一个理论从提出到不断完善的必然阶段，是未来需要努力研究的内容。

二、人水和谐论的主要研究方法展望

（1）人水和谐辨识方法的进一步研究。目前只是提出了和谐辨识的方法和应用实例，进一步的深入研究还不足。针对实际问题（比如河湖水系影响因素、跨界河流分水、水资源配置等），如何采用和谐辨识方法来解决因子辨识问题，还需要深入研究，在研究中不断丰富和发展该方法。

（2）人水和谐评估方法的进一步研究。目前关于人水和谐评估方法研究很多，但仍存在以下几方面问题需要深入研究：①计算方法的适用性分析及针对人水和谐评估方法的改进。目前多数方法是搬用其他评价方法，其是否适用于复杂的人水关系评价以及如何改进其方法，需要深入研究。②人水和谐度计算方法的数学基础及方法扩展。目前提出了一些和谐度计算方法，但多数是提出自己的计算过程，没有论述其数学依据甚至没有理论依据。③人水和谐评估体系研究。需要进一步构建包括评估准则、指标体系、指标阈值、计算方法、评估软件一整套评估体系。

（3）人水和谐调控方法的进一步研究。目前关于人水和谐调控方法的相关研究较多，但就其专门研究较少，需要深入研究以下内容：①人水和谐调控模型构建的一般性方法，包括模型构建目标、原则、模型结构以及函数方程等。②具体人水关系问题解决的调控模型构建与途径研究。比如，针对水资源分配、污染负荷分配、生态调度、水库联合调度等问题，需要构建有针对性的、符合人水和谐目标和科学调控的模型。③人水和谐调控关键技术及软件系统研发。目前缺乏针对和谐调控的自动监测、智能决策、智慧控制等关键技术，以及满足调控要求的一体化软件系统。

（4）其他研究方法的提出与发展。除了本书提及的方法以外，还有其他方法，甚至有一些新方法随着研究的深入再次被提出，包括两方面：①其他方法的引用或交叉应用，比如人水系统模拟方法、预测方法、多源数据监测方法等；②针对人水系统研究新需求提出的新方法，比如适应未来智慧水利需求的人水系统快速、准确监测及数据高效传输与大数据存储技术、水循环模拟技术、智能决策及服务体系构建方法等。

三、人水和谐论的应用研究展望

（1）进一步推动人水和谐思想指导治水工作。目前关于人水和谐思想说得较多，但在实践中怎么科学体现，缺少具体抓手，可操作性不强。未来的研究趋势和重点是：①人水和谐思想在各种治水方略中的应用研究；②人水和谐思想指导水资源开发利用方案制定，特别是针对那些决策艰难、复杂的方案选择问题；③人水和谐思想与水教育的结合，通过宣传体系，发挥先进治水思想的效益。

（2）进一步深化人水和谐量化研究方法在水问题应对、水资源规划与管理中的应用研究。未来的研究趋势和重点是：①基于人水和谐量化研究方法的各种水问题的解决和综合应对，特别是基于人水和谐思想，通过量化研究，综合研究水问题应对；②基于人水和谐量化研究的水资源规划模型、水资源管理模型应用研究。

（3）深入研究和推广应用人水和谐论与水资源优化配置、水资源承载力、最严格水资源管理制度的交叉研究成果。未来的研究趋势和重点是：①人水和谐论深入融合到水资源优化配置、水资源承载力、最严格水资源管理制度等研究成果中，再应用于工作实践；②人水和谐论与水资源优化配置等相关方向相互借鉴、交叉融合，共同推进水科学发展和应用领域。

（4）在推动水资源与经济社会和谐发展方面的应用研究。未来的研究趋势和重点是：①区域或流域水资源与经济社会和谐发展方案制定；②水资源开发与保护协调发展的和谐平衡点选择；③资源开发利用与生态环境保护协调发展的政策制度与发展方略；④经济社会高质量发展、生态文明建设、资源节约型和环境友好型社会建设应用研究。

参 考 文 献

［1］　左其亭．人水和谐论及其应用研究总结与展望［J］．水利学报，2019，50（1）：135-144.

［2］　左其亭．水科学的学科体系及研究框架探讨［J］．南水北调与水利科技，2011，9（1）：113－117.

［3］　左其亭，高丹盈．人水和谐量化理论及应用研究框架［M］//高丹盈，左其亭．人水和谐理论与实践．北京：中国水利水电出版社，2006.

［4］　左其亭，张云，林平．人水和谐评价指标及量化方法研究［J］．水利学报，2008，39（4）：440－447.

［5］　刘斌，宋松柏．基于可变模糊集的区域人水和谐评价［J］．人民黄河，2009，31（3）：53－54，57.

［6］　左其亭，张云．人水和谐量化研究方法及应用［M］．北京：中国水利水电出版社，2009.

［7］　左其亭．人水和谐论：从理念到理论体系［J］．水利水电技术，2009，40（8）：25－30.

第二篇

理 论 体 系

第五章 人水和谐论理论方法及应用体系

本章基于文献［1］系统介绍人水和谐论理论方法及应用体系，包括体系框架、主要内容，阐述人水和谐论的研究对象、理论体系、方法论及应用实践，是本书的核心体系框架，为构建人水和谐论学科体系奠定基础。

第一节 人水和谐论体系框架

按照构建一个学科体系的一般规则，本章来介绍人水和谐论体系。一般来讲，一个完善的学科体系应具有四要素，即具有明确的研究对象、一套理论体系、所需的方法论和广泛的应用实践。根据人水和谐论的研究内容以及对一般学科体系的理解，本章构建了人水和谐论理论方法及应用体系（简称人水和谐论体系）框架，如图 5-1 所示。

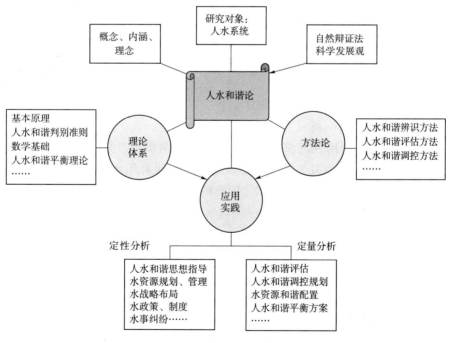

图 5-1　人水和谐论体系框架

图 5-1 表达的人水和谐论体系包括以下内容：

（1）人水和谐论具有明确的研究对象，即人水系统。人水和谐论是研究十分复杂的人水系统以实现人水和谐目标的一个知识体系，具有外延比较明确的研究对象。

（2）人水和谐论有丰富的内涵和独特的理念。当然，由于认识上的差异和人水系统本身的复杂性，目前对人水和谐及人水和谐论的概念和内涵的认识还没有统一。这不影响其内涵和理念的形成，因为无论怎么理解其概念和内涵，几乎都肯定其研究人水关系走向和谐的问题，坚持人水和谐的治水思想，支持"走和谐发展之路"，所以，人们对人水和谐内涵和人水和谐论理念的认识和认同的思路基本是一致的。

（3）人水和谐论顺应自然规律和经济社会发展规律，坚持辩证唯物主义哲学思想，坚持自然辩证法和科学发展观，具有科学的理论依据和研究思维，然后自身体系才具有丰富而又有指导作用的思想。

（4）人水和谐论还包括一套扎实的理论体系、具体的方法论和广泛的应用实践。人水和谐论到目前已经形成了包括基本原理、判别标准和数学分析方法的理论体系，产生了人水和谐辨识、评估、调控等定量研究方法组成的方法论，以及广泛应用于水资源规划、水资源管理、水利工程空间布局等实践中。

第二节 人水和谐论体系主要内容

一、人水和谐论的研究对象

人水和谐论的研究对象是人水系统，研究对象非常明确，相关内容在本书第一章第一节介绍过。具体到一个特例或具体问题，其研究对象的范围可以是一个城市、灌区、不同尺度区域、流域或子流域甚至全球系统，其研究对象的内容可以是人水关系总体问题、不同区域或行业用水关系问题、用水分配协调问题、经济社会与生态环境协调用水问题以及其他形形色色的人水关系问题。

简单列举几个例子：一个行政区（比如省、市、县域）的人水和谐研究，其研究对象就是该区域的人水系统；调水工程运行和谐调控研究，其研究对象就是调水工程及其相关联的区域用水系统；跨界河流分水研究，其研究对象可以是以分界线划分的各分水方，也可以是参与分水的相关全区域（比如该河流的所有用水区域）；水资源优化配置的和谐论研究，其研究对象与水资源优化配置的一致，也可以再增加人水系统总体和谐的范畴。

二、人水和谐论的理论体系

（一）人水和谐论的基本原理

人水关系复杂，阐明人水系统相互作用机理以及演变规律，揭示人水和谐论的基本原理，是认识人水关系的基础，也是人水和谐论的基础研究内容。人水和谐论的基本原理包括两方面：一方面是人水系统相互作用原理，另一方面是人水关系和谐演变原理，其主要内容在本书第六章专门介绍。

（二）人水和谐的判别准则

尽管人们对人水和谐概念和内涵有不同的认识，也很难做到统一。但作为一个理论体系，需要对人水和谐提出一套明确的判别准则来判断一个区域或流域是不是符合人水和谐以及人水和谐水平如何。这是一个理论体系指导方法论和应用实践的前提和基础。从便于量化的角度，笔者提出人水和谐的 3 个判别准则：水系统"健康"、人文系统"发展"和人水系统"协调"，相关详细内容在本书第六章专门介绍。

（三）人水和谐论的数学基础

马克思有句名言"科学只有应用了数学才算达到完善的地步"。人水和谐问题复杂，需要回答的问题除了部分定性结果外多数是需要给出定量化的结果，便于实际应用和操作。因此，人水和谐论的数学基础是其非常重要的内容，也是其形成完善的学科体系的重要标志。笔者于 2009 年提出了和谐论的数学描述方法，在随后的多年中不断丰富这一内容。此外，一些学者也从不同方面开展人水和谐量化方法研究，不断丰富了人水和谐论的数学基础。主要内容包括以下几方面（相关详细内容在本书第七章专门介绍）。

1. 和谐论五要素的数学描述

根据第三章第二节的论述，可以把和谐论五要素用数学语言描述如下。

（1）和谐参与者，用集合表示为 H，$H=\{H_1,H_2,\cdots,H_n\}$，n 为和谐方个数。

（2）和谐目标，表示为论域 U，是和谐参与者集合 H 所满足的和谐目标集。对论域 U 中的元素 $H(x)$，$B[H(x)]$ 称为 $H(x)$ 相对 U 的隶属度，表征满足和谐目标的程度。

（3）和谐规则，记作"集合 R"。

（4）和谐因素，是和谐参与者为了达到总体和谐所需要考虑的因素。其集合表示为 $F=\{F^1,F^2,\cdots,F^m\}$，m 是和谐因素个数。

（5）和谐行为，表示为一个"矩阵 A"。

2. 和谐度方程及其参数的数学描述

一方面，针对和谐问题采用和谐度方程（简写为 HD$= ai-bj$）进行定量描述，和谐度方程是和谐论数学基础的基石，已在第三章第二节进行了详细论述；另一方面，和谐度方程中 4 个主要参数（统一度 a、分歧度 b、和谐系数 i、不和谐系数 j）的数学描述，笔者在文献［2］中进行了详细介绍，摘录如下。

（1）统一度 a 的计算，可选择以下计算公式。

统一度计算第 1 公式：

$$a=\frac{G_1+G_2}{A_1+A_2} \text{ 或 } a=\frac{\dfrac{G_1}{A_1}+\dfrac{G_2}{A_2}}{2} \text{ 或 } a=\min\left\{\frac{G_1}{A_1},\frac{G_2}{A_2}\right\} \tag{5-1}$$

式中：G_1、G_2 分别为假定具有"相同目标"、符合和谐规则的和谐行为。

这一公式适合于和谐行为 A 以及符合和谐规则的值 G 都已经明确，可以通过计算或统计得到。

统一度计算第 2 公式：

$$a=\omega_1\mu(A_1)+\omega_2\mu(A_2) \tag{5-2}$$

式中：$\mu(A_1)$、$\mu(A_2)$ 分别为假定具有"相同目标"、符合和谐规则的和谐行为隶属度值，可以通过一定计算得到；ω_1、ω_2 分别为对应的权重，ω_1、$\omega_2\in[0,1]$，且 $\omega_1+\omega_2=1$。

统一度计算第 3 公式：

$$a = \varphi(A_1, A_2) \tag{5-3}$$

式中：$\varphi(A_1, A_2)$ 为和谐行为 A_1 与 A_2 之间的关联程度隶属度，属于和谐规则集合 R（H）的隶属度。

关于关联程度隶属度的计算有多种方法，比如相关系数法。

（2）分歧度 b 的计算，可选择以下计算公式。

分歧度计算第 1 公式：

$$b = \frac{D_1 + D_2}{A_1 + A_2} \ \text{或} \ b = \frac{\dfrac{D_1}{A_1} + \dfrac{D_2}{A_2}}{2} \ \text{或} \ b = \max\left\{\frac{D_1}{A_1}, \frac{D_2}{A_2}\right\} \tag{5-4}$$

式中：D_1，D_2 分别为假定不符合和谐规则、具有"分歧现象"的行为。

分歧度计算第 2 公式：

$$b = \beta_1 \gamma(A_1) + \beta_2 \gamma(A_2) \tag{5-5}$$

式中：$\gamma(A_1)$，$\gamma(A_2)$ 分别为不符合和谐规则、具有"分歧现象"的分歧行为隶属度值，可以通过计算得到；β_1、β_2 分别为对应的权重，β_1、$\beta_2 \in [0,1]$，且 $\beta_1 + \beta_2 = 1$。

分歧度计算第 3 公式：

$$b = 1 - \varphi(A_1, A_2) \tag{5-6}$$

式中：$\varphi(A_1, A_2)$ 说明同上。

（3）和谐系数 i 的计算，可选择以下计算公式。

和谐系数计算第 1 公式：

$$i = \lambda \ (\lambda \ \text{为一定值}, \lambda \in [0, 1]; x \in [X_1, X_2]) \tag{5-7}$$

和谐系数计算第 2 公式：

两节点公式：

$$\left. \begin{array}{l} i = \dfrac{i_2 - i_1}{X_2 - X_1}(x - X_1) + i_1, x \in [X_1, X_2] \\[2mm] i = 0 \ \text{或} \ i = i_1 \ \text{或其他选择}, x < X_1 \\[2mm] i = 0 \ \text{或} \ i = i_2 \ \text{或其他选择}, x > X_2 \end{array} \right\} \tag{5-8}$$

三节点公式：

$$\left. \begin{array}{l} i = \dfrac{i_2 - i_1}{X_2 - X_1}(x - X_1) + i_1, x \in [X_1, X_2] \\[2mm] i = \dfrac{i_3 - i_2}{X_3 - X_2}(x - X_2) + i_2, x \in [X_2, X_3] \\[2mm] i = 0 \ \text{或} \ i = i_1 \ \text{或其他选择}, x < X_1 \\[2mm] i = 0 \ \text{或} \ i = i_3 \ \text{或其他选择}, x > X_3 \end{array} \right\} \tag{5-9}$$

四节点公式：

$$\left.\begin{array}{l} i = \dfrac{i_2 - i_1}{X_2 - X_1}(x - X_1) + i_1, x \in [X_1, X_2] \\[3mm] i = \dfrac{i_3 - i_2}{X_3 - X_2}(x - X_2) + i_2, x \in [X_2, X_3] \\[3mm] i = \dfrac{i_4 - i_3}{X_4 - X_3}(x - X_3) + i_3, x \in [X_3, X_4] \\[3mm] i = 0 \text{ 或 } i = i_1 \text{ 或其他选择}, x < X_1 \\[2mm] i = 0 \text{ 或 } i = i_4 \text{ 或其他选择}, x > X_4 \end{array}\right\} \tag{5-10}$$

其他节点公式依次类推。以上公式的第 2 个式子中，节点 (X_1, i_1)、(X_2, i_2) … 为已知节点，并且 X_1、X_2 … 依次增大，i_1、i_2 … 均在 [0，1] 区间。和谐系数计算第 2 公式是建立的和谐系数 i 与和谐行为 x 之间的关系式。

和谐系数计算第 3 公式：

$$i = \frac{i_2 - i_1}{\alpha_2 - \alpha_1}(\alpha - \alpha_1) + i_1 \tag{5-11}$$

式中：节点 (a_1, i_1)、(a_2, i_2) 为已知节点，i_1、i_2 均在 [0，1] 区间。

和谐系数计算第 3 公式是建立的和谐系数 i 与统一度 a 之间的关系式。也可以仿照和谐系数计算第 2 公式分别写出两节点、三节点、四节点等计算公式。

（4）不和谐系数 j 的计算，可选择以下计算公式。

不和谐系数计算第 1 公式：

$$j = \rho(\rho \text{ 为一定值}, \rho \in [0,1]; x \in [X_1, X_2]) \tag{5-12}$$

不和谐系数计算第 2 公式：

$$j = \frac{j_2 - j_1}{b_2 - b_1}(b - b_1) + j_1 \tag{5-13}$$

式中：节点 (b_1, j_1)、(b_2, j_2) 为已知节点，j_1、j_2 均在 [0，1] 区间。

不和谐系数计算第 2 公式是建立的不和谐系数 j 与分歧度 b 之间的关系式。

不和谐系数计算第 3 公式：

$$j = \frac{P}{K} \tag{5-14}$$

该式是通过问卷调查得到的统计结果，即收回 K 份问卷，其中有 P 份问卷反对存在这一分歧。

3. 和谐度方程（HDE）评价方法

根据第三章第二节的论述，基于和谐度方程（HDE）计算思路，分别针对"分类等级评价"和"综合程度评价"提出的评价计算方法。针对分类等级评价，是通过将隶属于 p 等级的和谐度值 $HD(y_p)$ 与判定值 $HD(y_0)$ 进行比较来判断评价对象 X 属于哪一评价等级；针对综合程度评价，是根据具体问题，选择计算参数（a、b、i、j），从而计算得到综合程度评价值 HD。其详细计算过程和应用举例在第七章第三节介绍。

（四）人水和谐平衡理论

和谐平衡是和谐参与者考虑各自利益和总体和谐目标而呈现的一种相对静止的、和谐参与者各方暂时都能接受的平衡状态[3]，可以表达为集合形式：〔和谐行为 A ｜ $HD \geqslant HD_0$〕或〔和谐行为 A ｜ $HD \in [HD_-, HD^-]$〕。其中，HD_0 为某一设定的和谐平衡状态最小和谐度值；HD_-、HD^- 分别为和谐平衡状态相对静止的和谐度值下限和上限。相关详细内容在第八章专门介绍。

比如，水资源开发与保护之间的关系应达到一种和谐平衡状态，寻找二者之间的"平衡点"一直是一个难点问题，对此可以构建一个和谐平衡模型，通过模型求解从而得到其平衡点[3]。

三、人水和谐论的方法论

在本书第三篇专门介绍人水和谐论的方法论，主要包括人水和谐辨识方法、人水和谐评估方法、人水和谐调控方法，本节只作简要概述。

（一）人水和谐辨识方法

主要应用于在复杂的和谐问题中辨识出主要影响因素、不同影响因素的作用大小以及不同和谐方的作用地位[4]。当一个和谐辨识问题转化为一个定量化的辨识计算问题后，就变成一个纯粹的系统辨识问题。因此，一般的系统辨识方法都可以应用于此计算，主要可分为建模辨识方法和非建模辨识方法两大类。建模辨识方法主要通过辨识方法建立输入-输出关系模型，比如单输入单输出的最小二乘法、多输入多输出的神经网络模型法、时间序列预测建模的自回归滑动平均模型法。非建模辨识方法主要采用回归分析、相关分析等统计分析方法以及关联分析法等系统分析方法。

（二）人水和谐评估方法

目前关于人水和谐量化研究比较多的成果是人水和谐评估方法研究。总结目前研究成果，主要包括以下几方面：①基于人水和谐判别准则、指标体系、评价计算组成一套人水和谐评估方法体系，比如文献［5］、［6］；②把模糊评价、综合评价以及其他评价方法应用于人水和谐评价中，进行的评价计算，比如文献［7］；③基于新提出的人水和谐度指标计算，对人水和谐水平进行评价，比如文献［8］。

无论哪一种研究思路，其完善的研究内容应包括三部分：①判别准则及量化。也就是从哪几方面制定准则来判断是不是达到人水和谐以及水平高低。②评价指标及量化。基于判别准则，构建评价指标体系，并进行单个指标的量化。③多指标、多准则综合评价计算。在单指标量化的基础上，通过综合计算得到最终的评价计算结果。

（三）人水和谐调控方法

人水关系的状态是不断变化的，在不同阶段可能会表现出不同的和谐水平，可以通过和谐评估方法对人水关系的和谐状态进行评估。在现实中，人水关系经常会出现不和谐状态，在评估的基础上，可以采取一些措施，来调控其和谐状态，提高其和谐水平，即人水和谐调控（human - water harmony regulation）方法[2]。

广义上讲，所有应用于协调人水关系的方法都属于人水和谐调控方法，比如，水资源优化配置、水库优化调度、水量-水质-水能-水生态联合调度。与这些方法不同的是，人水和谐调控方法是以和谐程度最大为目标函数；或者，和谐程度不低于某一个阈值，作为模型的一个约束条件。

四、人水和谐论的应用实践

在本书第四篇专门介绍人水和谐论的应用实践，相关的案例和成果非常多，本节只作简要概述。

（一）人水和谐评估应用实践

人水和谐评估应用是人水和谐论应用实践中最为广泛的一类，应用实例很多，大致包括以下几方面：①流域人水和谐评估，比如针对黄河流域、长江流域、淮河流域、塔里木河流域等流域尺度的研究；②区域大尺度人水和谐评估，比如针对一个国家、一个省、一个地级市等较大区域尺度的研究；③具体到城市区等小尺度人水和谐评估，比如针对一个城市区、一个灌区、一个开发区等较小区域尺度的研究；④基于某一方面或其他类型的人水和谐评估，比如针对水资源配置系统、盐碱地生态系统、跨区域调水工程影响区、水资源规划、河流管理、工程布局等的研究。

（二）在水资源短缺、洪涝灾害、水环境污染三大水问题解决中的应用

人水和谐论在三大水问题的解决中有着广泛的应用，大致包括以下几方面：①在应对水资源短缺问题中的应用。从实现人水和谐的目标看，首先要加大节水，其次要限制开发利用水资源程度，再次要做好水资源优化配置工作。在这些方面都有成功的应用实例，比如，在节水、水资源开发、水资源配置中的应用。②在应对洪涝灾害问题中的应用。按照人水和谐论的思路，不要一提到洪水就采取避之，要给洪水以出路，实现和谐共处；同时，考虑洪水资源利用，洪水与干旱相协调。也就是在防汛抗旱中提倡人水和谐观。③在应对水环境污染问题中的应用。为了实现人水和谐，必须保护环境，达到水功能区的水质目标，相关的研究包括污染物总量控制、生态治理等。④在应对三大水问题的综合应用。一个流域或区域可能同时存在三大水问题，需要系统分析、统筹兼顾、综合治理，人水和谐论在应对三大水问题的综合研究中有独特的优势，涌现出一些应用实例。

（三）在水资源规划、管理以及水战略中的应用

自 21 世纪以来，人水和谐思想在我国水资源规划、管理以及水战略中扮演着重要的角色。比如，在水资源规划（水资源配置、和谐分水等）、水资源管理、水战略中的应用等。

（四）水资源与经济社会和谐发展应用实践

人类发展需要开发水资源，但人类又必须限制自己的行为，保护水资源。因此，必须协调开发与保护之间的关系，找到水资源与经济社会和谐发展的"平衡点"。文献［3］提出水资源与经济社会和谐平衡的量化研究方法及其在河南省的应用实例。此外，有关水资源与经济社会和谐发展应用实例很多。

参 考 文 献

［1］　左其亭．人水和谐论及其应用研究总结与展望［J］．水利学报，2019，50（1）：135 - 144.

［2］　左其亭．和谐论：理论·方法·应用［M］．2 版．北京：科学出版社，2016.

［3］　左其亭，赵衡，马军霞．水资源与经济社会和谐平衡研究［J］．水利学报，2014，45（7）：785 - 792.

［4］ 左其亭，刘欢，马军霞．人水关系的和谐辨识方法及应用研究［J］．水利学报，2016，47（11）：1363－1370，1379．

［5］ 左其亭，张云，林平．人水和谐评价指标及量化方法研究［J］．水利学报，2008，39（4）：440－447．

［6］ 康艳，蔡焕杰，宋松柏．区域人水和谐评价指标体系及评价模型［J］．排灌机械工程学报，2013，31（4）：345－351，368．

［7］ 刘斌，宋松柏．基于可变模糊集的区域人水和谐评价［J］．人民黄河，2009，31（3）：53－54，57．

［8］ 戴会超，唐德善，张范平，等．城市人水和谐度研究［J］．水利学报，2013，44（8）：973－978，986．

第六章 人水和谐论的基本原理与判别准则

本章基于文献［1］、［2］系统介绍人水和谐论的基本原理、主要论点以及人水和谐的判别准则，回答人水和谐论形成的理论依据、人水和谐的判别准则以及如何认识人水和谐问题等，是深入研究人水和谐论的理论、方法和应用实践的基础。

第一节 人水和谐论的基本原理

一、概述

基本原理是对具有普遍意义的基本规律的诠释，是在大量观察、实践的基础上，经过归纳、概括而得出的基本规律，既能经受实践的检验，又能进一步指导实践。人水和谐论的基本原理是对人水系统相互作用以及向和谐方向演变的基本规律的诠释，如图6-1所示，包括以下两方面：①水系统、人文系统以及交叉形成的人水系统存在的原理；②人水关系演变及其最终走向和谐状态存在的原理。

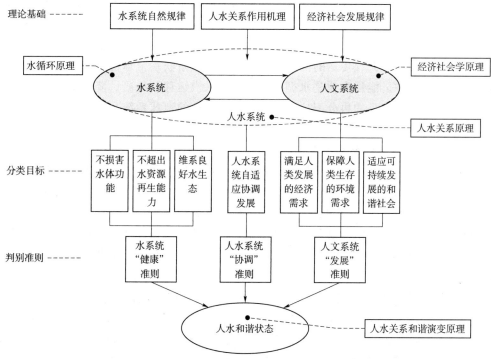

图6-1 人水和谐论的基本原理示意图

二、水系统、人文系统以及交叉形成的人水系统存在的原理

1. 水系统的水循环原理

水系统有其自然规律，其中水循环原理是其基本原理。水循环是地球上各种形态的水在太阳辐射、地心引力等作用下，通过蒸发、水汽输送、凝结降水、下渗以及径流等环节，不断地发生相态转换和周而复始运动的过程。形成水循环的内因是水的物理特性，即水的三态（固、液、气）转化，它使水分的转移与交换成为可能；外因是太阳辐射和地心引力。太阳辐射是水循环的原动力，它促使冰雪融化、水分蒸发、空气流动等。地心引力能保持地球的水分不向宇宙空间散逸，使凝结的水滴、冰晶得以降落到地表，并使地面和地下的水由高处向低处流动[3]。

在水的转换和运动过程中始终遵循着物理学的质量守恒定律和能量守恒定律，因此，水循环原理又包含水量（物质）平衡原理和能量平衡原理。这两大原理是研究水问题的重要理论工具。

水量平衡是指在任一时段内研究区的输入与输出水量之差等于该区域内的储水量的变化值。水量平衡研究的对象可以是全球、某区（流）域或某单元的水体（如河段、湖泊、沼泽、海洋等）。研究的时段可以是分钟、小时、日、月、年或更长的尺度。水量平衡原理是物理学中"物质不灭定律"的一种表现形式。从水量平衡原理可以看出，自然界的水资源量是有限的，人类必须要限制自己的取水行为，协调好生产、生活、生态之间的水量分配，协调好不同区域或行业、部门之间的水量分配，不损害水体功能、不超出水资源再生能力，维系良好水生态，才能保障水系统"健康"。

能量平衡是指在任一时段内一个系统的输入与输出能量之差等于该系统内的储蓄能量的变化量。能量守恒定律是水循环运动所遵循的另一个基本规律，水的三态转换和运移都时刻伴随着能量转换和输送。对于水循环系统而言，它是一个开放的能量系统，与外界有着能量的输入和输出。大气传送的潜热（水汽）作为一条联系全球能量平衡的纽带，贯穿于整个水循环过程中。能量变化是水循环（蒸发、水汽运移、冷凝、降水等）的动力，反过来，水循环也带动能量的再分配，形成能量相对均衡的地球系统，不至于使地球两极越来越冷、赤道附近越来越热。

2. 人文系统的经济社会学原理

人文系统应顺应经济社会发展规律，其中，经济学原理和社会学原理（统称为经济社会学原理）是其基本原理，揭示经济发展和社会发展的基本规律。经济学原理和社会学原理是研究经济社会发展规律及与之关联的水问题的重要理论工具。

经济学原理揭示了经济领域的需求和供给原理、消费行为规律、生产与成本关系、产业结构布局制约因素、市场行为规律、收入分配原理、经济增长规律和资源环境约束特征等。

社会学原理揭示了社会发展影响因素、社会过程规律、人口变化规律、城市规模变化、社会组织与社会控制、社会变迁与社会进步、科技创新驱动力、资源环境约束力等。

从经济社会学原理可以看出，要满足人类发展的经济需求、保障人类生存的环境需求、适应可持续发展的和谐社会，才能保障人文系统实现真正"发展"。

3. 人水系统的人水关系原理

人水关系是巨系统中十分复杂的关系，具有千丝万缕的"互馈联系"，不可能用定性或定量的关系把其描述得完全清楚，也不可能全面掌握人水关系的各种演变规律。因此，在此基础上调控的人水关系可能是适合的，也可能是不适合的。但无论怎么变化和人为调控，首先必须要认识人水关系作用机理（比如人与水之间内在联系、人水关系协调机制、人口压力与水资源承载力关系等），遵循人水关系原理，按照人水关系中蕴藏的自身规律来调控人水关系，制定水资源开发利用方案。

目前，人们对人水关系原理的认识还远不足，总结也很少。总体来看，人水关系原理大致包括以下两方面：①人水系统内在联系原理，包括人水系统主要元素及变量、连接路径、人与水之间制约关系、系统结构、联系变量数学表达、变量变化关系和规律等；②人水系统变化过程原理，包括遵循的质量守恒定律、能量守恒定律、经济学原理、社会学原理以及人水自适应变化原理等。

从人水关系原理可以看出，人水关系是自然界复杂关系的一部分，有其自身的变化规律，包括自适应规律。在研究人水和谐问题时，必须实现人水系统自适应协调发展，才能保障人水系统"协调"。

三、人水关系演变及其最终走向和谐状态存在的原理

人水关系演变及其最终走向和谐状态，遵循人水关系和谐演变原理。人水关系发展阶段一般可分为6个阶段：初始和谐阶段、开发利用阶段、掠夺紧张阶段、恶性循环阶段、逐步好转阶段、人水和谐阶段。其中，在一定条件下，人水关系总会发生变化并演变到和谐状态。人水关系和谐演变原理揭示了人水关系演变规律以及人水关系走向和谐状态的基本规律，也是坚持人水和谐治水思想的理论依据。

人水关系和谐演变原理的内容非常丰富，但目前对其的认识和总结都很少。总体来看，其原理大致包括以下三个方面：①人水关系演变原理，其本质是从一种平衡状态转移到另一种平衡状态，有可能是向好的方向转移，也可能是向坏的方向转移。人工进行的和谐调控就是希望通过一系列措施来改善人水关系，向着好的方向转移。比如，兴建调水工程、水库、大坝等，都是在改善人水关系，但是否就一定是改善，也可能事与愿违。②人水关系和谐调控原理，其本质是能够通过一系列措施改变人水关系，使人水关系适应条件变化而得到改善，不能因为条件变化导致人水关系变差或恶化，即人水关系演变总体趋势是提升总体和谐水平，最终实现人水和谐的目标。③人水和谐"三准则"是判别一个流域（或区域）或一个具体事宜是否满足人水和谐目标的三个准则，包括水系统"健康"准则、人文系统"发展"准则、人水系统"协调"准则。只有同时满足这三个准则，才可以判断其满足人水和谐。

第二节　人水和谐论的主要论点

根据以上分析和对人水和谐的理解，人水和谐论的主要论点如下。

（1）人水和谐论坚持辩证唯物主义哲学思想，认为人和水都是自然的一部分，人与水

必须和谐共处。在自然这个统一体中，人依赖于水，又具备改造水的能力；水为人类生存和发展提供支撑，同时又通过各种灾害制约着人类活动；人和水的关系符合辩证的"对立统一"关系，既有支持也存在矛盾；人是有理性的，而水是一个自然物质，表面上看"人主宰水"，正因为这一表象认识产生了"人定胜天"的思想，而实际上由于人类开发利用自然的不合理行为导致了自然界的报复（比如洪涝灾害、水土流失、河流断流、生态萎缩等）。人和水之间的一系列问题，常常就是由人这个主宰者在观念上的错误导致的，比如，人类为了自身生存和发展的需要，盲目、无节制地向自然界取水，无约束地排放污水，导致河流断流和生态破坏。因此，人类必须限制和规范自己的行为，尊重水的运动规律和自然属性，确保人与水和谐共处。

（2）人水和谐论坚持以人为本、全面、协调、可持续的科学发展观，提倡科学认识和处理人与水的关系。人和水的关系十分复杂，人是有理性的，占主动地位，因此，人要科学武装自己的头脑，科学认识和处理人与水的关系。相反，人类对自然规律的任何藐视和粗暴干预，对人和自然协调的任何一种破坏，其结果都不可避免地祸及人类自身。基于对当前人水关系分析，急需要科学解决由于人口增加和经济社会高速发展出现的洪涝灾害、干旱缺水、水土流失和水环境污染等水问题，使人和水的关系达到一个协调的状态，使宝贵有限的水资源为经济社会可持续发展提供久远的支撑，为构建和谐社会提供基本保障。

（3）人水和谐论坚持和谐的思想，提倡用"以和为贵"的理念来处理各种关系，理性地认识人水关系中存在的矛盾和冲突，允许存在"差异"。一方面，和谐的思想是和谐论的基石，主张用和谐的理念来看待人水关系。比如，对待河流治理，应采取因势利导、人与自然和谐的治理模式，包括限制取水、保护水质、给洪水以出路、生态护坡、近自然环境等措施。另一方面，提倡以和谐的态度来处理各种不和谐的因素和问题。当然也不是对不和谐因素视而不见。既要看到和谐的主流，又要看到不和谐的存在。例如，在解决跨界河流分水中，允许跨界的各国或各地区存在不同立场和观点，具体考虑其经济发展水平和自然地理条件等差异。

（4）人水和谐论坚持系统的观点，提倡采用系统论的理论方法来分析和研究人水和谐问题。因为人水和谐关系一般比较复杂，至少涉及两个以上的参与者，达到和谐目标本身就是一个系统科学问题。比如，对跨界河流分水问题的研究，需要综合考虑不同区域的差异，综合考虑社会发展、经济效益、生态保护甚至文明延续等方方面面的问题，综合考虑不利因素和有利因素，针对这些复杂问题的解决需要采用系统论方法。对人与水关系的研究不能就水论水，就人论人，必须将人和水纳入各自的系统（人文系统与水系统）或人水系统中进行研究。

（5）人水和谐论认为，人水和谐目标应包含三方面内涵：水系统健康得到不断改善、人文系统走可持续发展道路、人水系统总体呈现协调关系。实际上，这三方面就是判别人水和谐状态的三个准则（将在本章第三节详细介绍），从这三个方面考察人水关系是否是人水和谐关系以及和谐状态水平。

（6）人水和谐论认为，人水关系的调整特别是人水矛盾的解决主要通过调整人类的行为来实现，重视协调人与人之间的关系。马克思有一句名言"人和自然的关系说来说去还是人和人之间的关系"，要协调好人水关系，首先需要调整好社会关系，合理分配不同地区、不同部门、不同用户的用水量和排污量，既要共享水资源，又要共同承担保护水资源的责任。比如，对一条河流的保护，一般都认为，首先要控制向河流的取水量，保障河流的生态基流，而向河流取水是由不同区域、不同行业、不同部门、不同人群（至少是不同人）来完成的，为了控制取水量，就需要做好取水量的分配，而这一行为归根到底还是协调人与人之间的关系，最终确定各自的取水量。否则，将不可能达成协议，不可能控制住取水量。

（7）人水和谐论认为，人的水科学知识和水文化意识形态对实现人水和谐目标非常关键，重视人水和谐思想观念的宣传与普及。只有公众认识到水资源的稀缺性、不可替代性、对人类生存的重要性，才能主动去节水、保护水，朝着人水和谐的目标上努力。人水和谐论认为，在观念上，要牢固树立人水和谐相处的思想；在思路上，要从单纯的就水论水、就水治水向追求人文系统的发展与水系统的健康相结合的转变；在行为上，要正确处理水资源保护与开发之间的关系。这是实现水资源可持续利用、保障人水和谐相处的重要基础。

（8）人水和谐论认为，解决复杂的人水和谐关系问题需要构建一套理论方法体系，是研究多种多样人水关系的重要理论方法。人水关系复杂，涉及的问题多种多样，可以说，所有的水利工作都是在处理人水关系，因此，非常有必要构建一套理论方法体系，来科学指导处理这些关系以达到和谐目标，也就是在这一背景下慢慢形成了人水和谐论，具有重要的现实意义。此外，人水和谐论也为揭示人与水和谐关系奠定了理论基础，具有广阔的应用前景。

第三节　人水和谐的判别准则

一、概述

尽管对人水和谐概念和内涵的理解有差异，但仍需要有一个比较明确的判别准则来判断一个区域或流域是不是符合人水和谐以及人水和谐的水平如何。这个判别准则最好能定量化表达，易于应用。

根据对前期研究成果的总结和分析，从便于量化的角度，笔者提出人水和谐的三个判别准则[1]，即水系统"健康"准则、人文系统"发展"准则、人水系统"协调"准则。对某一个区域或流域，如果能同时满足上面三个准则，就可以认为其达到人水和谐状态。判别准则至少有三方面应用：一是可以通过这三个准则来定性分析人水和谐影响因素和总体和谐水平；二是基于这三个准则构建指标体系，用于定量评估人水和谐状态；三是在前两个方面的基础上可以从三个准则表达的因素提出人水和谐调控方案。

二、水系统"健康"准则

涵义：要求水系统处于可承载水平，水循环系统不能受到破坏，保持在良性循环的范围内，永远处于"健康"状态。

该准则考虑的因素包括水资源量可再生能力不小于取水量、水质达到水功能区环境要求、水生态系统健康循环、水灾害在可控范围内以及其他水系统平衡状态控制因素。基于这些因素可以构建表征该准则的指标体系。

三、人文系统"发展"准则

涵义：在保证水系统健康的同时还要顾及人文系统的发展水平，至少应满足人类社会发展阶段的最低需求，处于可持续发展状态。

该准则考虑的因素包括社会发展水平满足人们对社会满意度的需求、经济发展水平满足人们对经济收入的需求、技术发展水平能支撑人水系统协调发展、发展安全保障能力满足最低人均需求。基于这些因素可以构建表征该准则的指标体系。

四、人水系统"协调"准则

涵义：要求人文系统与水系统协调发展，人水关系必须处于良性的循环状态，水系统必须为人文系统发展提供源源不断的水资源，同时人文系统又必须为水系统健康提供保障。

该准则考虑的因素包括水对人文系统的服务功能满足人们的最低需求、人对水系统的开发不能超过底线和保护不能低于最低需求、水资源管理水平及公众意识达到水资源保护的要求。基于这些因素可以构建表征该准则的指标体系。

参　考　文　献

[1]　左其亭. 人水和谐论及其应用研究总结与展望［J］. 水利学报，2019，50（1）：135－144.

[2]　左其亭. 人水和谐论：从理念到理论体系［J］. 水利水电技术，2009，40（8）：25－30.

[3]　左其亭，王中根. 现代水文学［M］. 新1版. 北京：中国水利水电出版社，2019.

第七章 人水关系的和谐论五要素及和谐度方程

本章整合前期成果，系统介绍采用和谐论五要素剖析人水关系，和谐度方程在人水关系量化研究中的应用、HDE评价方法在人水关系研究中的应用，为读者进一步了解人水和谐论的数学基础提供参考。

第一节 人水关系的和谐论五要素分析

本节以水资源管理为对象，介绍水资源管理问题的和谐论五要素，以作参考。主要内容引自笔者指导的研究生学位论文（文献［1］）。

水资源既具有自然属性，又具有社会属性。这就决定了水资源管理不仅涉及人与自然的关系，还涉及人与人之间的关系。一方面，由于水资源天然时空分布与生产力布局不相适应，导致地区之间、部门之间存在很大的用水竞争；另一方面，由于水资源开发利用方式不当，产生诸多生态环境问题，造成生态环境系统与经济社会系统的用水矛盾加剧。因此，水资源管理的重点工作是处理各种人水关系，可以简单地理解为，水资源管理又是一个和谐问题。

水资源管理的和谐问题，就是在满足用水户对水量和水质要求的前提下，使水资源的开发与保护、水资源利用与经济社会发展和生态环境保护相协调。根据上文介绍的人水和谐论相关知识，下面从和谐参与者、和谐目标、和谐规则、和谐因素、和谐行为"五要素"来剖析水资源管理的和谐问题。

1. 和谐参与者

在水资源管理过程中，系统层面上，主要是在生态环境与经济社会两个既相互独立又相互作用的系统之间进行水资源的分配与管理；区域层面上，在各个子区域之间进行水资源的分配、保护与管理；部门层面上，在工业、农业、生活、生态四大部门间进行水资源的分配与管理。因此，根据和谐参与者的定义，可以认为：系统层面上，和谐参与者是经济社会和生态环境两个系统；区域层面上，和谐参与者是参与水资源管理活动的各个子区域；部门层面上，和谐参与者是工业、农业、生活与生态部门。

2. 和谐目标

水资源管理的目标主要是针对水资源短缺和用水的竞争性提出来的。水资源管理的目标在于实施水资源的可持续利用，即在水资源开发利用过程中，不超过水系统的承受能力限度，保证水资源可持续利用、生态环境系统稳定和改善以及水循环可再生性维持。2009年，水利部提出实行最严格的水资源管理制度，推动经济社会发展与水资源承载能力、水环境承载能力相协调。因此，一方面，要科学合理有序开发利用水资源，提高水资源配置和调控能力；另一方面，要实行最严格的水资源管理制度，核心是建立水资源开发利用、用水效率、水功能区纳污总量控制三条"红线"。可以把用水总量目标、用水效率目标与水功能区纳污总量目标作为水资源管理的和谐目标。

3. 和谐规则

在市场经济条件下，用水者作为理性的经济人，往往从利益最大化出发决策自己的用水行为。如果仅从利益的角度考虑，势必会造成水资源过度开发，进而引发一系列社会问题，威胁社会和谐稳定。古人云"无规矩不成方圆"，是规则使人类社会的各项活动井然有序。同样，水资源管理活动也需要"规则"来协调用水户之间的各种利益关系，使社会在水资源利用上形成协调有序的结构，而不致因水资源的矛盾冲突破坏社会用水秩序。比如，在分水问题上，对于区域层面，可以按照人口比例分配，对于部门层面，可以按照供水优先序分配；在排污问题上，对于区域层面，以人口、工业增加值与污染物排放量之间的关系来分配排污量等。

4. 和谐因素

由和谐因素的定义可知，不同层次的和谐参与者对应考虑不同的因素。当和谐参与者是生态环境系统与经济社会系统时，为实现人与自然和谐，需要考虑的因素有水资源自身特征与水资源开发利用的协调情况、生态环境与经济社会的水资源分配情况、自然水体纳污能力与污染物入河量的匹配情况、经济社会效益与自然生态效益的平衡情况等因素；当和谐参与者是各子区域时，需要考虑的因素有各子区水资源的分配情况、各子区排放污染物情况、各子区用水效益情况等因素；当和谐参与者是工业、农业、生活、生态部门时，需要考虑的因素有水资源在各部门的配置情况、各部门的供水安全情况等。

5. 和谐行为

和谐行为是指和谐参与者针对和谐因素所采取的具体行为总称。对应系统层面，生态环境系统采取的行为有生态环境用水量、自然界污染物排放量、生态环境缺水率、生态环境效益等；经济社会系统采取的行为有经济社会用水量、经济社会污染物排放量、经济社会缺水率、经济社会效益等。对应区域层面，各子区采取的行为有各子区用水总量、各子区污染物排放量、各子区缺水率、各子区经济效益等；对应部门层面，工业、农业、生活和生态部门采取的行为是该部门的用水量和供水保证率等。各层面和谐参与者采取的和谐行为可以反映出水资源管理在各个层面的具体表征。

第二节　和谐度方程在人水关系量化研究中的应用

一、概述

在第三章第二节介绍了和谐度方程的概念及计算，其关键点是和谐度方程中参数的确定。

和谐度方程在人水关系量化研究中有广泛的应用，概括起来可以分为两大类：一是用于计算和谐度大小，来评价和谐状态；二是把和谐度方程作为模型的方程，代入到优化模型或其他模型中，参与模型计算。以下举例可供参考。

二、河流引用水问题的和谐度方程应用

一条河流可能会跨越不同省份（如黄河、长江），甚至会跨越不同国家（如多瑙河），把这类跨越不同区域的河流称为跨界河流。因为一条河流的可利用水资源量是有限的，为了保护河流健康，必须共同控制总引用水量。下面以黄河为例来说明[2]。

黄河是中华民族的摇篮，也是世界古代文明发祥地之一。自20世纪60年代以来，随着经济社会发展，引用黄河水量增加，带来黄河水量减少甚至断流、水土流失严重等问题。为了协调各省（自治区、直辖市）用水，1987年，国家计划委员会（2003年改组为国家发展和改革委员会）与有关省（自治区、直辖市）和部门协商，制定了黄河可供水量分配方案，见表7-1。

表7-1　　　　　　　　　　　　　黄河可供水量分配方案　　　　　　　　　　　单位：亿 m³

省（自治区、直辖市）	青海	四川	甘肃	宁夏	内蒙古	陕西	山西	河南	山东	河北天津	合计
年耗水量	14.1	0.4	30.4	40.0	58.6	38.0	43.1	55.4	70.0	20.0	370.0

表7-1列出的一般年份情况，也可以理解为多年平均情况，因此，可以允许在某些年份总耗水量超出370亿 m³，假设超出100亿 m³后就达到完全不和谐。据此，给出和谐系数 i 的函数曲线，如图7-1所示。不和谐系数 j 值的函数采用图7-2所示曲线。和谐规则定义为各地区实际耗水量不超出其分配的耗水量。

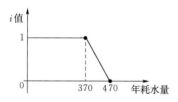

图7-1　和谐系数 i 函数曲线

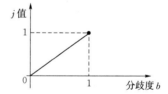

图7-2　不和谐系数 j 值的函数曲线

黄河1998—2007年各省（自治区、直辖市）实际耗水量，见表7-2。首先确定满足和谐规则的和谐行为 G_1，G_2，$\cdots$，G_n，据此计算 a，再计算 $b=1-a$。a 计算公式如下：

$$a = \frac{\sum\limits_{k=1}^{n} G_k}{\sum\limits_{k=1}^{n} Q_k}$$

式中：Q_k 为各省（自治区、直辖市）实际耗水量，亿 m³。

再根据图7-1和图7-2中的曲线函数，分别根据 a 和 b 值计算 i 值和 j 值，公式如下：

$$i = \begin{cases} 1, & Q \leqslant 370 \\ 1 - \dfrac{Q-370}{100}, & 370 < Q < 470 \\ 0, & Q \geqslant 470 \end{cases}$$

$$j = b$$

式中：Q 为年总耗水量，亿 m³。

最后采用一般的和谐度方程 HD ＝ $ai-bj$ 计算 HD 值，计算结果见表 7-3。从计算结果来看，2006 年属于"接近不和谐"，主要是因为该年份来水量偏枯，引水量过大。

表 7-2　　　　黄河 1998—2007 年各省（自治区、直辖市）实际耗水量　　　单位：亿 m³

省（自治区、直辖市）	1998 年	1999 年	2000 年	2001 年	2002 年	2003 年	2004 年	2005 年	2006 年	2007 年	多年平均
青海	12.47	12.94	14.19	12.11	13.00	12.27	12.53	12.48	15.41	13.33	13.07
四川	0.16	0.25	0.24	0.25	0.26	0.25	0.27	0.27	0.22	0.19	0.24
甘肃	27.85	30.58	32.02	31.95	31.08	33.84	34.10	33.44	34.34	30.44	31.96
宁夏	39.23	43.91	40.32	40.31	38.77	39.06	40.46	44.64	41.39	39.44	40.75
内蒙古	77.45	84.14	77.59	79.85	78.34	69.48	75.91	82.58	80.60	59.70	76.56
陕西	41.98	43.32	44.05	42.69	41.93	37.46	40.44	43.43	47.83	24.97	40.81
山西	28.10	28.23	27.93	29.31	29.45	28.33	27.41	30.41	32.94	13.58	27.68
河南	45.16	52.74	48.49	48.04	54.38	47.68	45.28	48.76	57.78	33.64	48.20
山东	89.05	93.47	73.91	73.65	89.82	58.02	56.71	64.41	88.22	71.59	75.89
河北、天津	3.35	3.16	7.15	3.63	5.20	10.06	8.08	1.33	3.00	1.90	4.69
合计	364.80	392.74	365.89	361.79	382.23	336.45	342.30	361.75	401.73	288.78	359.85

注　耗水量数据来源于黄河水利委员会提供的《黄河水资源公报》（1998—2007 年）。

表 7-3　　　　　　　　黄河 1998—2007 年和谐度计算结果表

计算值	1998 年	1999 年	2000 年	2001 年	2002 年	2003 年	2004 年	2005 年	2006 年	2007 年	多年平均
a	0.885	0.851	0.915	0.913	0.884	0.957	0.930	0.897	0.853	0.991	0.919
b	0.115	0.149	0.085	0.087	0.116	0.043	0.070	0.103	0.147	0.009	0.081
i	1	0.773	1	1	0.878	1	1	1	0.683	1	1
j	0.115	0.149	0.085	0.087	0.116	0.043	0.070	0.103	0.147	0.009	0.081
HD	0.872	0.636	0.908	0.905	0.763	0.955	0.925	0.886	0.561	0.991	0.912

三、污染物排放总量控制的和谐度方程应用

如果向水体中排放的污染物过多，就会导致水体污染，甚至丧失水体的功能。因此，要维持水体的一定功能，就必须限制向水体排放的污染物总量。也就是说，一定范围内的水体可接纳的污染物是有限的，必须控制向水体排放污染物总量。下面列举一个简单例子来说明其和谐度方程计算过程。

某城市最近 6 年每年向城区湖泊排放 COD_{Mn} 的总量以及根据湖泊水体来水量和水质目标要求计算的允许排放 COD_{Mn} 总量见表 7-4。因为每年湖泊的实际来水量有变化，计算的允许排放 COD_{Mn} 总量有所不同。

表 7 - 4   各年实际和允许排放 COD_{Mn} 总量一览表

年份序号	实际排放量/(t/年)	允许排放量/(t/年)	年份序号	实际排放量/(t/年)	允许排放量/(t/年)
1	1231	1145	4	1441	1155
2	1201	1211	5	1431	1061
3	1787	1239	6	1791	1271

（1）统一度 a 的计算。设实际排放量为 Q_k，允许排放量作为满足和谐规则的和谐行为 G_1，G_2，…，G_n。当 $Q_k \leqslant G_k$ 时，$a=1$；当 $Q_k > G_k$ 时，按照下式计算 a：

$$a = \frac{G_k}{Q_k}$$

（2）按照公式 $b=1-a$，计算分歧度 b。

（3）和谐系数 i 的计算。采用图 7-3 所示的曲线函数计算 i。

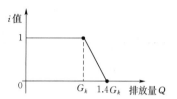

图 7 - 3　和谐系数 i 函数曲线

其中，设曲线图中 G_k 为允许排放量，当实际排放量 Q_k 小于允许排放量 G_k 时，$i=1$；当 Q_k 大于 G_k 且小于 1.4 倍 G_k 时，i 随着污染物排放量的增加而减小，通过线性插值获得相应值；当 $Q_k \geqslant 1.4G_k$ 时，$i=0$。i 计算公式如下：

$$i = \begin{cases} 1, Q_k \leqslant G_k \\ 1 - \dfrac{Q_k - G_k}{1.4G_k - G_k}, & G_k < Q_k < 1.4G_k \\ 0, Q_k \geqslant 1.4G_k \end{cases}$$

（4）按照公式 $j=b$（即采用图 7-2 的曲线函数），得到不和谐系数 j。

（5）最后采用一般的和谐度方程 HD= $ai-bj$ 计算 HD 值。计算结果见表 7-5。从计算结果来看，第 2 年污染物实际排放量小于允许排放量，和谐度 HD=1；第 1 年污染物实际排放量略大于允许排放量，和谐度 HD=0.7484；第 4、5 年的污染物实际排放量接近于不可接受极值，计算的和谐度 HD 值接近于 0；第 3、6 年的污染物实际排放量大于不可接受极值，计算的和谐度 HD<0，已经走向"敌对"状态，说明此时状况非常严峻，必须采用更加严厉的应对措施。

表 7 - 5   每年污染物排放总量和谐度计算结果一览表

年份序号	实际排放量/(t/年)	允许排放量/(t/年)	a	b	i	j	HD
1	1231	1145	0.93	0.07	0.81	0.07	0.7484
2	1201	1211	1	0	1	0	1
3	1787	1239	0.69	0.31	0	0.31	-0.0961
4	1441	1155	0.8	0.2	0.38	0.2	0.264
5	1431	1061	0.74	0.26	0.13	0.26	0.0286
6	1791	1271	0.71	0.29	0	0.29	-0.0841

四、河流生态需水量的和谐度方程应用

为了保障河流生态系统健康循环下去，就不能无限制地向河流取水、挤占河流生态系统用水量，也就是说，要给河流留足一定的生态需水量。因此，在水资源配置和管理时，需要针对河流生态需水量的保障程度进行定量化表达，其中，就可以采用和谐度方程进行计算。下面列举一个简单例子来说明其和谐度方程计算过程。

某河流最近 6 年每年的河流径流量以及根据多年来水和生态系统最低需求计算的河流生态需水量见表 7-6。河流生态需水量是某一条件下的一个多年综合值，如果外部条件不发生大的变化，其生态需水量被认为是定值。

表 7-6　　　　　　　　　各年河流径流量与生态需水量一览表

年份序号	河流径流量/亿 m³	生态需水量/亿 m³	年份序号	河流径流量/亿 m³	生态需水量/亿 m³
1	2.15	1.2	4	1.09	1.2
2	1.2	1.2	5	0.91	1.2
3	1.3	1.2	6	0.78	1.2

（1）统一度 a 的计算。设河流径流量为 $Q_径$，生态需水量为 G，此时 $G=1.2$ 亿 m³。当 $Q_径 \geqslant G$ 时，$a=1$；当 $Q_径 < G$ 时，按照下式计算 a：

$$a = \frac{Q_径}{G}$$

（2）按照公式 $b=1-a$，计算分歧度 b。

（3）和谐系数 i 的计算。采用图 7-4 所示的曲线函数计算 i。

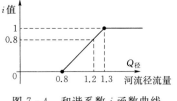

图 7-4　和谐系数 i 函数曲线

其中，曲线图横坐标为河流径流量 $Q_径$，当 $Q_径$ 等于生态需水量 G，即 $Q_径=1.2$，定义 $i=0.8$；当 $Q_径 \geqslant 1.3$ 时，定义 $i=1$。主要考虑生态需水量是多年平均来水条件下的计算结果，针对条件的可能变化，适当放大生态需水量范围值；其他范围按线性关系计算，i 计算公式如下：

$$i = \begin{cases} 1, & Q_径 \geqslant 1.3 \\ \dfrac{Q_径 - 0.8}{0.5}, & 0.8 < Q_径 < 1.3 \\ 0, & Q_径 \leqslant 0.8 \end{cases}$$

（4）按照公式 $j=b$（即采用图 7-2 的曲线函数），得到不和谐系数 j。

（5）最后采用一般的和谐度方程 $HD=ai-bj$ 计算 HD 值。计算结果见表 7-7。从计算结果来看，第 1、3 年河流径流量大于或等于 1.3，和谐度 $HD=1$；第 2 年河流径流量等于生态需水量，和谐度 $HD=0.8$，处于"基本和谐"状态，达到可接受水平；第 4 年的河流径流量低于生态需水量，低得还不太多，计算的和谐度 $HD=0.5197$，处于"接近不和谐"状态；第 5 年的河流径流量比生态需水量低的较多，计算的和谐度 HD 值接近于 0；第 6 年的河流径流量比生态需水量低的太多，计算的和谐度 $HD<0$，已经走向"敌对"状

态，说明此时状况非常严峻，必须加大径流量，确保生态需水量达到一定水平。

表 7－7　　　　　　　　　　　每年生态需水量和谐度计算结果一览表

年份序号	河流径流量/亿 m³	生态需水量/亿 m³	a	b	i	j	HD 值
1	2.15	1.2	1	0	1	0	1
2	1.2	1.2	1	0	0.8	0	0.8
3	1.3	1.2	1	0	1	0	1
4	1.09	1.2	0.91	0.09	0.58	0.09	0.5197
5	0.91	1.2	0.76	0.24	0.22	0.24	0.1096
6	0.78	1.2	0.65	0.35	0	0.35	−0.1225

第三节　HDE 评价方法在人水关系研究中的应用

在第三章第二节介绍了和谐度方程（HDE）评价方法和计算步骤，其优势是：利用和谐度方程的特点，能够较好地反映出评价结果，具有较好的普适性和灵活性，具有和一般评价方法相似的求解步骤，可以应用于"分类等级评价"和"综合程度评价"。本节基于文献［3，4］，介绍 HDE 评价方法在人水关系研究中的两个应用举例，以供参考。

一、HDE 评价方法应用于地表水质评价

（一）基本情况

以某一个区域的地表水质评价为例，按照《地表水环境质量标准》（GB 3838—2002）和该区域水质指标情况，共选择了 10 个水质指标见表 7－8。所选择的 3 个水样的水质指标实测值见表 7－9。

表 7－8　　　　　　　　　选择的地表水水质评价指标及标准值　　　　　　　　单位：mg/L

序号	指标	I 类	II 类	III 类	IV 类	V 类
1	溶解氧（DO）≥	7.5	6	5	3	2
2	高锰酸盐指数（COD_{Mn}）≤	2	4	6	10	15
3	五日生化需氧量（BOD_5）≤	3	3	4	6	10
4	氨氮（NH_3-N）≤	0.015	0.5	1.0	1.5	2.0
5	砷（As）≤	0.05	0.05	0.05	0.1	0.1
6	汞（Hg）≤	0.00005	0.00005	0.0001	0.001	0.001
7	镉（Cd）≤	0.001	0.005	0.005	0.005	0.01
8	挥发酚≤	0.002	0.002	0.005	0.01	0.1
9	石油类≤	0.05	0.05	0.05	0.5	1.0
10	硫化物≤	0.05	0.1	0.2	0.5	1.0

表 7 - 9　　　　　　　　　　　监测水样的水质指标实测值　　　　　　　　　　单位：mg/L

水质指标	DO	COD$_{Mn}$	BOD$_5$	NH$_3$-N	As	Hg	Cd	挥发酚	石油类	硫化物
水样 1	6	6	4	0.8	0.05	0.0001	0.005	0.002	0.05	0.15
水样 2	7	8	6	1.0	0.07	0.001	0.005	0.005	0.05	0.20
水样 3	8	9	10	0.8	0.05	0.001	0.005	0.01	0.04	0.15

（二）计算结果及分析

按照本书第三章第二节介绍的方法，分别对 3 个水样的 10 个指标所处的等级进行判断，得到单指标和谐度矩阵，分别见表 7 - 10～表 7 - 12。

表 7 - 10　　　　　　　　　　　　水样 1 的单指标和谐度矩阵

序号	指标	Ⅰ类	Ⅱ类	Ⅲ类	Ⅳ类	Ⅴ类
1	溶解氧（DO）		1	1	1	1
2	高锰酸盐指数（COD$_{Mn}$）			1	1	1
3	五日生化需氧量（BOD$_5$）			1	1	1
4	氨氮（NH$_3$-N）			1	1	1
5	砷（As）	1	1	1	1	1
6	汞（Hg）			1	1	1
7	镉（Cd）		1	1	1	1
8	挥发酚			1	1	1
9	石油类	1	1	1	1	1
10	硫化物			1	1	1

表 7 - 11　　　　　　　　　　　　水样 2 的单指标和谐度矩阵

序号	指标	Ⅰ类	Ⅱ类	Ⅲ类	Ⅳ类	Ⅴ类
1	溶解氧（DO）		1	1	1	1
2	高锰酸盐指数（COD$_{Mn}$）				1	1
3	五日生化需氧量（BOD$_5$）				1	1
4	氨氮（NH$_3$-N）			1	1	1
5	砷（As）				1	1
6	汞（Hg）				1	1
7	镉（Cd）		1	1	1	1
8	挥发酚			1	1	1
9	石油类	1	1	1	1	1
10	硫化物				1	1

表 7 - 12　　　　　　　　　　　　水样 3 的单指标和谐度矩阵

序号	指标	Ⅰ类	Ⅱ类	Ⅲ类	Ⅳ类	Ⅴ类
1	溶解氧（DO）	1	1	1	1	1
2	高锰酸盐指数（COD$_{Mn}$）				1	1

续表

序号	指　标	Ⅰ类	Ⅱ类	Ⅲ类	Ⅳ类	Ⅴ类
3	五日生化需氧量（BOD_5）					1
4	氨氮（NH_3-N）			1	1	1
5	砷（As）	1	1	1	1	1
6	汞（Hg）				1	1
7	镉（Cd）		1	1	1	1
8	挥发酚				1	1
9	石油类	1	1	1	1	1
10	硫化物			1	1	1

采用单因素和谐度方程公式（$HD=ai-bj$），按照等权重加权计算，得到每个水样 X 对应于 p 类型的和谐度 HD_p 值，即和谐度向量，见表 7-13。可以看出，$HD_1 \leqslant HD_2 \leqslant \cdots \leqslant HD_5$。如果按照 $HD_0=1.00$ 判断，水样 1 为Ⅲ类，水样 2 为Ⅳ类，水样 3 为Ⅴ类，这一结果与单因子评价方法结果一致；如果按照 $HD_0=0.90$ 判断，水样 3 为Ⅳ类，比单因子评价方法的判断结果更宽松、更综合。

表 7-13　　　　　　　　　　　计算的和谐度向量值 HD_p

水质指标	Ⅰ类	Ⅱ类	Ⅲ类	Ⅳ类	Ⅴ类
水样 1	0.30	0.50	1.00	1.00	1.00
水样 2	0.10	0.30	0.60	1.00	1.00
水样 3	0.30	0.40	0.60	0.90	1.00

可以看出，与一般综合评价方法相比，HDE 评价方法有如下两个显著优势。

（1）HDE 评价方法完全符合一般综合评价方法的思路，同时又涵盖单因子评价方法，是集单因子评价方法、综合评价方法于一体的一种新方法。

（2）该方法考虑到评价指标、标准的模糊性和权重不同的特性，同时又可以选择 HD_0 不同判断标准来判别评价结果，体现出该方法判断评价结果的灵活性和多指标的综合性。

二、HDE 评价方法应用于最严格水资源管理制度实施效果"综合程度评价"

（一）情况介绍

为了解决日益严重的水问题，我国政府于 2012 年全面部署实施最严格水资源管理制度。在《国务院关于实行最严格水资源管理制度的意见》（国发〔2012〕3 号）文件中，提出 4 项指标（表 7-14），对全国各省市区最严格水资源管理制度实施效果进行考核。本节以一个地区为例，采用 HDE 评价方法，对该项制度实施效果进行综合评价。其评价指标和评价标准见表 7-14。

表7-14 评价指标和评价标准一览表

用水总量 /亿 m³	万元工业 增加值用水量/m³	农田灌溉水 有效利用系数	重要江河湖泊 水功能区水质达标率/%
12.50 以内	110 以下	0.53 以上	60 以上

（二）采用的数据

该地区 4 项指标的 2014 年、2015 年统计数据见表 7-15。对比表 7-15 和表 7-14 可以看出，用水总量指标都是满足标准的，万元工业增加值用水量、重要江河湖泊水功能区水质达标率指标都是不满足的，农田灌溉水有效利用系数指标在 2014 年不满足、在 2015 年满足。

表7-15 评价指标数据统计表

年份	用水总量 /亿 m³	万元工业 增加值用水量/m³	农田灌溉水 有效利用系数	重要江河湖泊 水功能区水质达标率/%
2014	12.45	131	0.51	41
2015	12.50	128	0.53	42

（三）计算结果

按照单因子评价法，只要有一个指标不满足标准，其评价结果值就为 0，即为"极差"，不符合标准。根据这一方法得到 2014、2015 年均为 0，即为"极差"。

按照模糊综合评价法，先计算单指标隶属度，4 个指标的隶属度函数分别取如下公式：

$$\mu_1 = \begin{cases} 1, x \leqslant x_{10} \\ \dfrac{25-x}{25-x_{10}}, x > x_{10} \end{cases} ; \quad x_{10} = 12.50$$

$$\mu_2 = \begin{cases} 1, x \leqslant x_{20} \\ \dfrac{220-x}{220-x_{20}}, x > x_{20} \end{cases} ; \quad x_{20} = 110$$

$$\mu_3 = \begin{cases} 1, x \geqslant x_{30} \\ \dfrac{x}{x_{30}}, x < x_{30} \end{cases} ; \quad x_{30} = 0.53$$

$$\mu_4 = \begin{cases} 1, x \geqslant x_{40} \\ \dfrac{x}{x_{40}}, x < x_{40} \end{cases} ; \quad x_{40} = 60\%$$

接着，采用 HDE 评价方法进行计算。把模糊综合评价法计算的结果 μ 看作是统一度 a，为了对比计算结果，选择如下几种情况进行计算。

（1）令 $i=1$、$j=0$，即 $HD(x_k) = a = \mu$。这种情况就是模糊综合评价法的结果。

（2）令 $i=a$、$j=0$，即 $HD(x_k) = a^2$。这种情况对出现隶属度小于 1 的隶属度再打折，计算结果见表 7-16。

（3）令 $i=a$、$j=1$、$b=1-a$，即 $HD(x_k)=a^2+a-1$。这种情况显然更加重视由于出现隶属度小于 1 的情况，计算结果见表 7-16。

（4）令：如果 $a<1$，则 $i=0$；如果 $a=1$，则 $i=1$；$j=0$，并采用指数权重加权计算公式。这种情况就是单因子评价法的结果。

再按照等权重（视 4 个指标同等重要）计算最终的综合程度评价值，列入表 7-16 中。

表 7-16　　　　　　　　　不同方法计算结果及评价结论一览表

采用的方法	年份	计算结果	评价结论
单因子评价法	2014 年	0	极差，不符合标准
	2015 年	0	极差，不符合标准
模糊综合评价法	2014 年	0.8637	很好，基本符合标准
	2015 年	0.8841	很好，基本符合标准
HDE 评价方法（1）$i=1$、$j=0$	2014 年	0.8637	很好，基本符合标准
	2015 年	0.8841	很好，基本符合标准
HDE 评价方法（2）$i=a$、$j=0$	2014 年	0.7619	较好，部分符合标准
	2015 年	0.7974	较好，部分符合标准
HDE 评价方法（3）$i=a$、$j=1$、$b=1-a$	2014 年	0.5288	一般，接近不符合标准
	2015 年	0.5948	一般，接近不符合标准
HDE 评价方法（4）$a<1$，则 $i=0$；$a=1$，则 $i=1$；$j=0$，并采用指数权重加权	2014 年	0	极差，不符合标准
	2015 年	0	极差，不符合标准

（四）结果分析

从以上计算结果表 7-16 对比，可以看出：①单因子评价法计算结果太苛刻，只要出现一个指标不满足标准就认定总体不符合标准。模糊综合评价法计算结果太宽松，特别是掩盖了部分指标严重不满足标准的情况；②HDE 评价方法是综合评价方法的一种，模糊综合评价法、单因子评价法均是 HDE 评价方法的一种特例；③从本例实际情况来看，采用 HDE 评价方法（3）更加符合实际，所得结果更真实可靠；④根据实际情况需要，可以选择不同的 i、j 值，得到不同的评价计算结果，表现出该评价方法的极大灵活性，避免一般综合评价方法"一锤定音"的现象。

表面上看，该方法有比较大的人为因素，这正是该方法灵活性的表现。因为综合评价本身存在比较大的模糊性，不易用一种确定性的模式去评价不同问题，需要根据具体问题选择具有灵活性的方法。这正是 HDE 评价方法的优势。

参 考 文 献

[1]　郭丽君．基于和谐论的水资源管理理论方法及应用研究［D］．郑州：郑州大学，2011.

［2］　左其亭．和谐论的数学描述方法及应用［J］．南水北调与水利科技，2009，7（4）：129－133.

［3］　马军霞．水质评价的和谐度方程（HDE）评价方法［J］．南水北调与水利科技，2016，14（2）：11－14，20.

［4］　左其亭，韩春辉，马军霞，等．和谐度方程（HDE）评价方法及应用［J］．系统工程理论与实践，2017，37（12）：3281－3288.

第八章　人水和谐平衡理论

笔者于 2014 年在文献 ［1］ 中以水资源与经济社会为对象，首次提出和谐平衡概念和理论，在文献 ［2］ 中又进行了系统总结。本章是在文献 ［1］、［2］ 的基础上，分析人水和谐平衡问题的提出背景，介绍和谐平衡的基本概念，进一步介绍和谐平衡计算方法及定量应用实例，最后介绍和谐平衡理论的定性应用实例。本章第一～三节内容引自文献 ［1］、［2］，其中第三节介绍了和谐平衡理论的定量计算应用实例；第四节引自文献 ［3］，介绍和谐平衡理论用于指导长江经济带发展路径，作为定性分析应用实例。

第一节　问题提出及基本概念理解

一、人水和谐平衡问题的提出

人水和谐的研究对象是人水系统，从宏观层面上说，人文系统和水系统相辅相成，应保持和谐关系。但二者在很多情况下又存在矛盾，如何实现二者之间的一种"平衡"，是水科学研究的一个难点问题，也是应用实践中需要回答的问题。

从具体的水资源开发与保护之间的关系来看，自然界可循环利用的水资源量是有限的，然而，随着人类社会的发展，不同部门之间、不同地区之间、河流上下游之间、人类生产生活用水与生态用水之间，为争取有限水资源而产生矛盾，水资源危机日益突出，需要寻找一种平衡，使得水资源开发利用程度达到某一适当水平，既保护了水资源，又支撑了经济社会发展。也就是说，需要找到水资源开发与水资源保护二者之间的"平衡"，即在开发和保护之间实现平衡。

再从经济社会发展与水资源保护之间关系来看，经济社会发展在消耗资源、排放废物以污染破坏水系统、降低水资源承载能力的同时，又通过环境治理和水利投资等手段提高其承载能力，经济社会发展需要达到一个与水资源禀赋相适应的水平。并且，在经济社会-水资源-生态复合大系统中，任意一个子系统出现问题都会危及其他子系统，而且问题会通过反馈作用加以放大和扩展，最终导致整个大系统的衰退，因此实现水的社会小循环与自然大循环相辅相成、协调发展，维系良好的水环境，最终达到"天人合一"的境界，也需要寻找一种平衡状态，即实现"经济社会发展"与"水资源保护"的平衡，具有重要的意义，是实现经济社会可持续发展、保障水资源可持续利用的重要基础，也是实现区域和谐发展的重要基础。实际上，水资源工作的主要内容就是通过多种多样的手段和方式，谋求"经济社会发展需水"与"水资源保护"之间的平衡，解决水资源供需矛盾。

由以上分析可以看出，分析人水关系和谐平衡问题、寻找"平衡点"是人水和谐研究的一个重要内容，具有重要的现实意义。也就是在此背景下，笔者于 2014 年在文献〔1〕中首次提出和谐平衡的概念和理论方法。

二、基本概念

在经济学中，平衡意即相关量处于稳定值。比如经济学中商品"供求关系"，假如某一商品市场在某一价格下，想以此价格买此商品的人均能买到，而想卖的人均能卖出，此时就可以认为，该商品的供求关系达到了平衡状态。这就是针对某一时期相对静止的和谐平衡。如果该商品的生产成本增加，卖方再以此价格卖出就会盈利太少，甚至亏本，必然会抬高价格，这时原来的平衡状态被打破，新的价格慢慢被买卖双方接受，于是又转移到另一种平衡状态。

人类在不断取用水资源的同时，还不停地向水资源环境中排放废水，人们必须要遵循水的自然循环规律，在水资源的自净能力范围内进行这种"取水—排水—再取水"交换，才是安全、有效和合理的。如果水资源的使用量和废水的排放量超过了某个阈值，就破坏了人与水环境之间的平衡状态，将会导致严重的后果，并危及人类自身的安全。也就是说，水的社会循环不能损害水的自然循环规律，才能实现水资源可持续利用。实际上，就是要求水资源利用与保护达到一种和谐平衡。

在分析人水关系时，可以认为，实现人水和谐的平衡状态是某一时段人类发展追求的目标，不仅能够实现经济社会的预期发展，还能保护人类赖以生存的水资源。当然，这种平衡状态不是一成不变的，随着社会的进步、技术的改良，各种调水、储水设施的建设改变了水资源的可利用量、废水的排放量以及循环量，都会造成和谐平衡从一种状态转移到另一种状态。因此，这里所说的和谐平衡是某一时段、某种特定条件下的平衡。

根据以上分析和理解，笔者把和谐平衡简单定义如下：和谐平衡（harmony equilibrium）是指和谐参与者考虑各自利益和总体和谐目标而呈现的一种相对静止的、和谐参与者各方暂时都能接受的平衡状态[1]。其中，针对人水关系开展的和谐平衡研究就称为人水和谐平衡。

三、内涵解读及理论观点

和谐平衡首先是在一定背景条件下满足和谐目标，达到某一水平的和谐状态，从定量的角度看，和谐度至少大于或等于某一个最小值（也可能是变动的）。从这个意义上讲，和谐平衡是维持某一和谐状态的和谐行为的集合。

其次，和谐平衡呈现的是一种相对静止的和谐状态，这种平衡可能会在某一条件下被打破，从而失去平衡；又可能在某一条件下逐渐形成新的和谐平衡。当达到某一边界时，和谐平衡就被打破，把对应于该边界的平衡称为"边界和谐平衡（boundary harmony equilibrium）"。这种边界称为"和谐平衡边界（the boundary of harmony equilibrium）"。

比如，前文提到的"公共地的悲剧"的例子中，有一片草地由两户人家（A 户、B

户）共用，用于放羊。假如和谐规则是各自占有一半养羊数，即 $n_A : n_B = 1 : 1$，和谐目标要求 $n_A + n_B \leqslant 300$。如果按照这些条件，当 A 户、B 户均养 150 只羊时，是一种最优状态。另外，$n_A + n_B \leqslant 300$，$n_A : n_B = 1 : 1$ 对应的是最优和谐行为。此时，$n_A = n_B$，且 n_A、$n_B \leqslant 150$，表达的 $n_A - n_B$ 关系曲线是一个直线段。实际中可能不一定正好是这种状态，可以再宽松一些，假如 $n_A : n_B = 1 : 1.2 \sim 1.2 : 1$ 都是可以接受的。这时这种和谐平衡就是一个区间范围（集合）。如图 8 - 1 所示，阴影部分为该问题的和谐平衡的区间范围；1 线是按照和谐规则 $n_A : n_B = 1 : 1$ 的最优和谐行为，也称为最优和谐平衡（the optimal harmony equilibrium）；2 线是按照 $n_A : n_B = 1 : 1.2$ 的和谐平衡；3 线是按照 $n_A : n_B = 1.2 : 1$ 的和谐平衡。2 线、3 线均为和谐平衡边界。和谐平衡边界围成的区域即为和谐平衡范围（the range of harmony equilibrium）。处于该区域就可以判断其为和谐平衡状态，不至于带来不和谐的"质"的突变。但如果超出该区域或者远离和谐平衡边界，就会失去平衡。在条件成熟的情况下，可能会达到新的和谐平衡。

再假如上面例子中，通过某一种交易（比如通过用地权交易），和谐规则变为 $n_A : n_B = 1 : 2$。这时，上面的和谐平衡就变成另一种平衡。如图 8 - 2 所示，平衡①是图 8 - 1 中的平衡，平衡②是和谐规则变为 $n_A : n_B = 1 : 2$ 的平衡。在新的平衡中也存在新的和谐平衡边界。

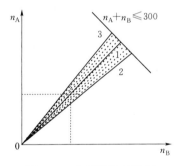

图 8 - 1　和谐平衡示意图

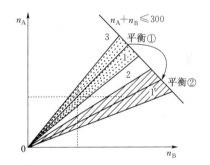

图 8 - 2　从一种和谐平衡转到另一种和谐平衡示意图

从上面例子也可以看出，最优和谐平衡是和谐平衡的一种特例。当然，也有最优和谐平衡与和谐平衡一致的情况。比如，前文介绍的"一票否决"选举制度，只要出现反对票即是不和谐平衡，全票通过是和谐平衡，也是最优和谐平衡。因此，这种情况下，和谐平衡只有一种状态，也是最优和谐平衡。

根据以上分析和对和谐平衡的理解，可以总结以下内涵和主要理论观点：

（1）和谐平衡是满足和谐度要求的和谐行为的集合，该集合中的所有行为都满足和谐的要求。和谐平衡的集合可能是一个点、一个直线、一个区间或一个更加复杂的集合。

（2）最优和谐平衡是和谐平衡的一种特例，可以是一个点、一条直线，也可以是一个集合。但有时候最优和谐平衡与和谐平衡是一致的，即和谐平衡就是最优和谐平衡。

（3）在某一阶段或某一状态下，可能还没有形成和谐平衡。也就是说，和谐平衡并不是始终都存在的。

（4）和谐平衡是一种相对静止的和谐状态，在条件变化的情况下，可能会从一种和谐平衡转移到另一种和谐平衡。

（5）正确看待和谐平衡的转移，既要理解和谐平衡转移是正常的，也要关注和谐平衡转移带来的优点和缺点。比如，一种社会关系，如果通过人们的努力，朝着更加先进的社会转移，这种转移是人们追求的目标，是值得肯定的；如果经历社会动荡和不良措施，使原本和谐的社会转移到动荡的社会，这是不可取的。

（6）和谐平衡具有一般和谐概念的特性。和谐平衡不是一成不变的，即具有动态性；是针对某一区域或特定对象而言的，即具有空间性；一般具有复杂的包含和被包含关系，即具有层次性。

第二节　和谐平衡计算方法及应用举例

一、和谐平衡表达式

根据上文对和谐平衡概念介绍和内涵解读，可以把和谐平衡表达为如下基于和谐度计算的集合形式：

$$\{和谐行为\ A\ |\ HD \geqslant HD_0\} \tag{8-1}$$

或

$$\{和谐行为\ A\ |\ HD \in [HD_-，HD^-]\} \tag{8-2}$$

式中：HD_0 为某一设定的、认为是和谐平衡的最小和谐度值；HD_-、HD^- 分别为认为和谐平衡状态相对静止的和谐度值下限和上限。式（8-1）和式（8-2）称为和谐平衡表达式（harmony equilibrium expression）。

最优和谐平衡可以表达如下：

$$\{和谐行为\ A\ |\ HD = HD_{max}\} \tag{8-3}$$

式中：HD_{max} 为和谐度最大值。

针对某一具体和谐问题，如果式（8-1）中 HD_0 过大或 HD 本身就小，就达不到和谐平衡。如果降低 HD_0 值，达到的和谐平衡是较低和谐度的平衡状态。尽管如此，这也是一种和谐平衡状态，只是在这种背景和条件下和谐度值本身较小。

二、和谐平衡的转移

随着时间和外部条件的变化，一个和谐平衡可以发生变化或转移到另一个平衡状态。主要有以下几种情况：

（1）和谐度 HD_0 变化带来的和谐平衡变化。比如，不同社会发展阶段的和谐平衡，从封建社会的"和谐平衡"（低层次的），发展到资本主义社会的"和谐平衡"，再发展到社会主义社会的"和谐平衡"，和谐度在不断提高。

（2）和谐目标变化带来的和谐平衡变化。比如上文提到的"跨界河流的分水问题"，和谐目标要求总引用水量不得超过某个限值。如果通过外调水量增加了来水量，总引用水量可以增加，和谐平衡必然随之发生变化。

（3）和谐规则变化带来的和谐平衡变化。本章第一节介绍的"公共地的悲剧"的例子中，通过某一种交易（比如通过用地权交易），和谐规则发生变化，和谐平衡就变成另一种平衡（图8-2）。

（4）和谐因素变化带来的和谐平衡变化。比如，考虑多因素和谐一般要比单因素和谐要求更高，从而带来和谐平衡的变化。

三、分水的和谐平衡计算举例

为了说明和谐平衡的计算应用，这里列举一个例子。假设有两个地区，分别称为和谐方 H_1、和谐方 H_2，共用一条河流，两个地区用水量分别为 Q_1、Q_2，按照平等用水原则，和谐规则是 $Q_1 : Q_2 = 1 : 1$，如图8-3中1线。可以把该状态称为最优和谐行为。当然，完全按照最优和谐行为控制有时候也做不到。假如各地区能够容忍少占用20%，这时只要能保证 $Q_1 : Q_2 = 1 : 1.2 \sim 1.2 : 1$，也处于和谐状态，不至于带来不和谐的"质"的突变。但如果超出这个限度，就会带来不和谐，甚至比较大的矛盾。如图8-3中2线、3线就是和谐平衡边界。此外，由于可利用水量是有限的，假如要求两地区总可利用水量最大值为 $Q_{max} = 300$ 万 m^3/年，于是有 $Q_1 + Q_2 \leqslant Q_{max}$，即 $Q_1 + Q_2 \leqslant 300$。

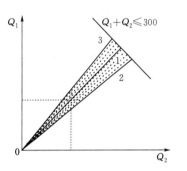

图8-3 两地区分水的和谐平衡计算举例

下面，列举两种情况，来展示其和谐平衡的变化和计算。

（1）如图8-4中（a）所示，假如通过水权转让交易，和谐规则变为 $Q_1 : Q_2 = 1 : 2$。这时，上面的和谐平衡就变成另一种平衡。如图8-4（a）所示，平衡①是图8-3中的平衡，平衡②是和谐规则变为 $Q_1 : Q_2 = 1 : 2$ 的平衡。在新的平衡中也存在新的和谐平衡边界。

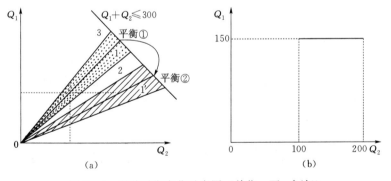

(a)   (b)

图8-4 和谐平衡变化示意图（单位：万 m^3/年）

（2）如图8-4（b）所示，是另一种平衡，Q_1 固定占一般值300的一半，即150万 m^3/年，而 Q_2 在100万～200万 m^3/年范围内。这种情况在现实中也比较常见，因为不同年份的来水量是变化的，可供水量也是变化的，比如在 [250,350]（单位：万 m^3）范围内波动。另外，有些供水类型（比如，生活用水）的供水量是固定的，比如 $Q_1 = 150$ 万 m^3/年；有些（如农业用水、生态用水）是可以根据来水多少而变化的，比如 Q_2 在100万～

200万m³/年范围内变化。这时候和谐平衡范围就变成一个直线段范围。

第三节　水资源与经济社会和谐平衡应用研究

水资源是支撑经济社会发展的重要基础，经济社会是保护水资源的重要主体。二者相辅相成，应保持和谐关系。但二者在很多情况下又存在矛盾，如何实现二者之间的"平衡"，是一个难点问题。本节基于和谐平衡一般表达式，建立水资源与经济社会和谐平衡计算模型，并将该模型应用于河南省，确定了实现河南省水资源与经济社会和谐平衡的条件。

一、水资源与经济社会和谐平衡计算模型

（一）计算模型表达式

根据和谐平衡的定义，引入"用户需水满足程度"参数来表征和谐参与者各自的利益，并将此作为模型的限制条件，即各用户需水满足程度＝用水量/需水量。和谐参与者可以理解为各个用水户，具体可分为生活用水、工业用水、农业用水和生态用水。而水资源与经济社会总体和谐目标，采用总体和谐度达到特定数值来表征，基于和谐平衡的第一种表达形式［式（8-1）］，和谐平衡计算模型可采用类似一般优化模型的形式：

$$\begin{cases} Z = HD(X) \geqslant HD_0 \\ G(X) \leqslant 0 \\ X \geqslant 0 \end{cases} \tag{8-4}$$

式中：X为决策向量；$HD(X)$为水资源与经济社会的和谐度；HD_0为和谐度目标阈值；$G(X)$为约束条件集。

在和谐平衡计算模型式（8-4）中，关键问题有两方面：①关于和谐度$HD(X)$的计算，目前已有相关的计算方法，比如本书介绍的方法；②关于约束条件的选择和定量化，可以引用水资源优化配置中关于约束条件的选择和量化方程。

（二）和谐度计算指标体系构建

根据系统性、代表性和可操作性原则，分目标层、准则层和指标层3个层次建立水资源与经济社会和谐度计算指标体系，见表8-1（仅针对本书实例所选指标）。目标层是水资源与经济社会和谐度。准则层是指从取水、用水和排水3个方面进行指标分类。在指标层中，则采用具体的指标对准则层进行详细描述。

表8-1　　　　　　　　　水资源与经济社会和谐度评价指标体系

目标层	准则层	指　标　层	含　　义
水资源与经济社会和谐度（A）	取水（B1）	生活需水满足程度/%（B11）	反映生活取水情况
		工业需水满足程度/%（B12）	反映工业取水情况
		农业需水满足程度/%（B13）	反映农业取水情况
		生态需水满足程度/%（B14）	反映生态取水情况
		地表水控制利用率/%（B15）	反映地表水开发利用程度
		平原区浅层地下水开采率/%（B16）	反映地下水开发利用程度

续表

目标层	准则层	指 标 层	含 义
水资源与经济社会和谐度（A）	用水（B2）	万元 GDP 用水量/m³（B21）	反映综合用水效率
		万元工业增加值用水量/m³（B22）	反映工业用水效率
		工业用水重复利用率/%（B23）	
		亩均灌溉用水量/m³（B24）	
	排水（B3）	城市污水处理率/%（B31）	反映污染物排放情况
		工业废水达标排放率/%（B32）	
		评价河长水质达标率/%（B33）	

（三）和谐度 HD(X) 的计算

采用本书第十章第二节介绍的"单指标量化-多指标综合-多准则集成"评价方法（SMI-P 方法）。单指标量化采用分段模糊隶属度计算方法，通过分段函数，将各指标统一映射到 [0，1] 上。分段函数分为 5 段，对应各个指标的 5 个特征值：最差值（a）、较差值（b）、及格值（c）、较优值（d）、最优值（e），对应的和谐度分别为 0、0.3、0.6、0.8、1。有关代表性数值，可以根据目前行业公认的标准，国际和国内组织的研究报告，国家或地区指定的发展规划，国内的平均水平及最优、最差水平，发达国家所处水平，以及人们对各个指标的期望值来确定。

（四）约束条件

（1）需水满足程度约束：

$$\eta_k \geqslant \eta_{k0} \qquad (8-5)$$

式中：$k=1，2，3，4$，分别代表农业用水、工业用水、生活用水及生态需水；η_k 为各个参与者的需水满足程度；η_{k0} 为参与者的需水满足程度阈值。

（2）可利用水量约束：经济社会发展可利用的总水量应低于最大可利用量。

$$W_s \leqslant \max G_S + \max W_G \qquad (8-6)$$

式中：W_s 为经济社会用水总量；$\max G_S$ 为地表水最大可利用量；$\max W_G$ 为地下水（不重复）最大可利用量。

（3）生态环境用水量约束：生态环境用水量要保证植被、湿地、河流、湖泊等生态环境的最低用水量。

$$W_e \geqslant \min W_{eco} \qquad (8-7)$$

式中：W_e 为生态环境用水总量；$\min W_{eco}$ 为生态环境最小需水量。

（4）排污量约束：重要污染物的入河总量不超过河流所在水功能区的纳污能力。

$$S_I + S_D \leqslant S_{RN} \qquad (8-8)$$

式中：S_I、S_D 分别为工业污水和生活污水中重要污染物的排放量；S_{RN} 为河流所在水功能区的纳污能力。

（5）其他约束：针对具体情况，还需要增加诸如技术条件、用水效率、非负约束等。

（五）和谐平衡计算

可采用类似一般优化模型的求解方法，来求解和谐平衡计算模型 [式（8-4）]。

根据和谐平衡计算式（8-1）或式（8-2）计算的和谐平衡，以及计算式（8-3）计算的最优和谐平衡，有可能是和谐度较低的一种平衡状态。当然，它也是一种平衡状态，只不过是一种处于较低和谐度水平的平衡。同样，在计算式（8-4）中，如果确定的约束条件过于苛刻或和谐度要求太高，有可能得不到结果；如果降低和谐度值、放松约束条件，计算的结果就有可能是和谐度较低的一种平衡状态。当然，为了提高和谐度值，可以通过一些调控措施，提高和谐度，达到和谐平衡方程的要求。这就是和谐调控，将在后面介绍。

二、应用举例

河南省位于我国中东部，全省总面积 16.7 万 km²，约占全国总面积的 1.74%。河南省地处暖温带和北亚热带地区，气候具有明显的过渡性特征，且受季风气候影响，南北气候差异较大。降水量南部和东南部多，北部和西北部少。年降水量的时空分布不均，全年的降水量主要集中在夏季，占全年降水量的 45%~60%，降水的不稳定性极易引起旱涝灾害。近年来，河南省经济社会的快速发展与水资源利用之间的矛盾日益突出，水资源短缺、水环境恶化等问题成为该地区经济社会发展的制约性因素。

（一）实际指标条件下和谐平衡计算

根据表 8-1 中建立的指标体系，对河南省几个代表年水资源与经济社会和谐度进行计算，相关指标数据来自《河南省水资源公报》和《河南省统计年鉴》。评价指标节点值的最优值是根据全国最优水平加一定比例确定或者根据人们的期望值确定，及格值是根据河南省多年平均值确定，最差值是根据河南省多年的最差值减一定比例确定，较差值和较优值是根据插值确定，见表 8-2。单指标的子和谐度采用分段隶属度函数进行计算，根据层次分析法确定初始权重，并经一致性检验，满足一致性要求。然后利用变权法计算出各个变量的最终权重，计算结果见表 8-3。最后采用多指标综合评价方法，得到河南省几个代表年水资源与经济社会的总体和谐度 $HD(X)$。

表 8-2 评价指标节点值及指标方向

指 标 层	最差值 a	较差值 b	及格值 c	较优值 d	最优值 e	指标方向
生活需水满足程度/% （B11）	30	45	60	80	100	正向
工业需水满足程度/% （B12）	30	45	60	80	100	正向
农业需水满足程度/% （B13）	30	45	60	80	100	正向
生态需水满足程度/% （B14）	10	40	60	80	100	正向
地表水控制利用率/% （B15）	5	10	20	40	60	正向
平原区浅层地下水开采率/% （B16）	90	75	60	30	0	逆向
万元 GDP 用水量/m³ （B21）	450	340	230	130	30	逆向
万元工业增加值用水量/m³ （B22）	250	180	110	60	20	逆向
工业用水重复利用率/% （B23）	60	70	80	90	95	正向
亩均灌溉用水量/m³ （B24）	300	250	200	160	120	逆向
城市污水处理率/% （B31）	10	30	50	80	100	正向
工业废水达标排放率/% （B32）	60	75	90	95	100	正向
评价河长水质达标率/% （B33）	10	25	40	70	100	正向

表 8-3　　　　　　　　　　水资源与经济社会子和谐度及权重

指　　标	子和谐度			权　　重		
	2005 年	2008 年	2011 年	2005 年	2008 年	2011 年
生活需水满足程度/% （B11）	0.884	0.929	0.541	0.107	0.123	0.184
工业需水满足程度/% （B12）	0.622	0.718	0.796	0.139	0.152	0.143
农业需水满足程度/% （B13）	0.447	0.632	0.725	0.165	0.165	0.153
生态需水满足程度/% （B14）	0.069	0.600	0.791	0.238	0.170	0.144
地表水控制利用率/% （B15）	0.381	0.621	0.700	0.176	0.167	0.157
平原区浅层地下水开采率/% （B16）	0.394	0.324	0.366	0.174	0.224	0.219
万元 GDP 用水量/m³ （B21）	0.686	0.856	0.932	0.255	0.228	0.238
万元工业增加值用水量/m³ （B22）	0.673	0.830	0.905	0.258	0.234	0.244
工业用水重复利用率/% （B23）	0.752	0.630	0.912	0.239	0.284	0.242
亩均灌溉用水量/m³ （B24）	0.715	0.740	0.780	0.248	0.255	0.276
城市污水处理率/% （B31）	0.538	0.784	0.890	0.359	0.291	0.260
工业废水达标排放率/% （B32）	0.676	0.795	0.852	0.317	0.288	0.270
评价河长水质达标率/% （B33）	0.650	0.372	0.226	0.324	0.422	0.470

经过加权计算，得出 2005 年、2008 年、2011 年河南省水资源与经济社会和谐度分别为 0.58、0.66、0.69，和谐度值基本接近并略有增加。可以认为，河南省这几年的和谐平衡状态处于中等水平，和谐度介于 0.58～0.69 之间。从表 8-3 的计算结果中可以得出如下 3 方面结论：①取水方面，河南省的需水满足程度较低，子和谐度较低，这是由于河南省地处平原地区，工业城市多，经济发展用水需求大，人口稠密，对生活用水需求很高，同时河南省为全国粮食主要产区，农业用水量大，但是省内地表水资源量有限，不能够满足各方的用水需求。同时城乡生活和工农业用水主要靠大量地开采地下水，造成地下水开发利用率很高，该指标的子和谐度特别低。②用水方面，各指标的子和谐度缓步增加，这与近几年经济发展迅速、科技进步较快、造成水资源利用效率缓步提高的实际情况相符。③排水方面，这几年城市污水处理率和工业废水达标率都得到了较大提高，但是生活和工业废水排放量逐年增加，造成全省范围内水功能区达标率很低，评价河长水质达标率逐年下降。这些评价指标与河南省的实际情况相符。

（二）进行指标调控后的和谐平衡计算

由以上计算可知，河南省这几年水资源与经济社会处于一种中等水平的相对平衡状态。这种平衡状态需要通过一定的努力，改善目前的不和谐指标，满足约束条件，提高和谐度，转移到一种较高水平的和谐平衡状态。这里先假定生活需水满足程度提高到95%，工业需水、农业需水、生态需水满足程度达到 90% 以上。此时的子和谐度如图8-5 所示。

从图 8-5 可以看出，通过调整几个需水指标满足程度值，其指标子和谐度都达到了0.8 以上，总和谐度也分别增加到 0.66、0.69 和 0.73，但是和谐度仍然较低。假设要求达到较高的和谐平衡状态，总和谐度需要达到 0.8 以上（即 $HD_0 = 0.8$），基于前面的分

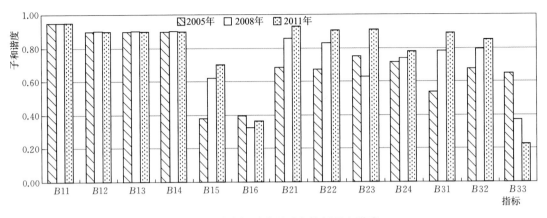

图 8-5　需水得到满足后各指标子和谐度

析，重点对具体年份子和谐度较低的几个指标进行调控。以 2008 年为例，子和谐度较低的指标分别为地表水控制利用率（B15）、平原区浅层地下水开采率（B16）、工业用水重复利用率（B23）和评价河长水质达标率（B33），针对这些指标进行调控，结果见表8-4。同样的计算方法，可以得到 2005 年、2008 年和 2011 年的和谐平衡状态指标限值，见表 8-5。

表 8-4　　　　　2008 年河南省水资源与经济社会和谐平衡调控计算

B15	B16	B23	B33	和谐度	B15	B16	B23	B33	和谐度	B15	B16	B23	B33	和谐度
30	70	85	30	0.719	40	70	85	30	0.724	50	70	85	30	0.729
			40	0.749				40	0.755				40	0.760
			50	0.758				50	0.764				50	0.769
		90	30	0.728			90	30	0.733			90	30	0.738
			40	0.758				40	0.764				40	0.769
			50	0.767				50	0.773				50	0.778
	50	85	30	0.743		50	85	30	0.750		50	85	30	0.755
			40	0.773				40	0.780				40	0.786
			50	0.782				50	0.789				50	0.794
		90	30	0.752			90	30	0.759			90	30	0.764
			40	0.782				40	0.789				40	0.795
			50	0.791				50	0.798				50	0.803
	40	85	30	0.748		40	85	30	0.754		40	85	30	0.760
			40	0.778				40	0.785				40	0.791
			50	0.787				50	0.794				50	0.800
		90	30	0.757			90	30	0.764			90	30	0.769
			40	0.787				40	0.794				40	0.800
			50	0.796				50	0.803				50	0.809

表 8 - 5	和谐平衡状态指标限值范围		
指　标	2005 年	2008 年	2011 年
地表水控制利用率/%（$B15$）	40	40	40
平原区浅层地下水开采率/%（$B16$）	40	40	50
万元 GDP 用水量/m³（$B21$）	100	—	—
万元工业增加值用水量/m³（$B22$）	50	—	—
工业用水重复利用率/%（$B23$）	—	90	—
亩均灌溉用水量/m³（$B24$）	—	—	—
城市污水处理率/%（$B31$）	80	—	—
工业废水达标排放率/%（$B32$）	—	—	—
评价河长水质达标率/%（$B33$）	—	50	32

表 8 - 5 的计算结果表明，各年达到和谐平衡状态，需要进行多指标的综合调控，并且随着社会发展和科技进步，需要调整的指标逐步减少。如 2005 年需要对至少 5 个指标进行综合调控，随着水资源利用效率的提高，万元 GDP 用水量由 2005 年的 187m³ 降低到 2011 年的 64m³，万元工业增加值用水量由 2005 年的 88m³ 下降到 2011 年的 39m³，城市污水处理率由 2005 年的 46% 增加到 2011 年的 89%。这 3 个指标的子和谐度都大幅提升，在当前的技术水平条件下，对其进行进一步调控比较困难。但是评价河长水质达标率由 2005 年的较好值 47.5% 降低到 2011 年的较差值 21%，子和谐度也相应大幅降低，可以作为调控指标，因此到了 2011 年，只需要调整 3 个指标。并且多年来子和谐度一直比较低的指标是今后需要重点关注的指标，如地表水控制利用率、平原区浅层地下水开采率和评价河长水质达标率。经过指标调整，可以将总和谐度提升至 HD_0，计算结果如图 8 - 6 所示。

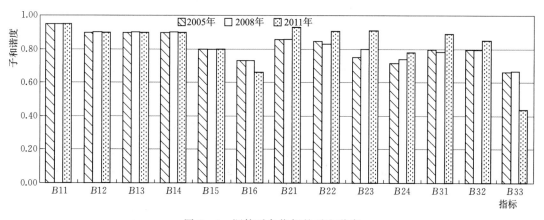

图 8 - 6　调控后各指标的子和谐度

从图 8 - 6 可以看出，在这 3 年分别达到预期的和谐平衡状态时，各指标的子和谐度均得到了提升，但还有一定差距，这也说明了和谐平衡状态随着时间的变化而变化，具有"相对平衡"的特征。同时，个别指标还有较大的提升空间，可以达到更高水平的和谐平衡状态。

第四节　长江经济带保护与开发的和谐平衡发展途径研究

一、问题的提出

长江流域自然条件优越，发展历程久远，在中华民族的历史中有着重要的地位。改革开放以来，长江流域的发展步入了"快车道"，并取得了可观的成效，不仅成为了我国重要的农产品生产基地和制造业发展中心，还集聚了众多的第三产业部门，对内促进了经济社会进步，对外拓展了国际经贸空间，对提高我国经济实力和影响力、促进国际合作与竞争有着举足轻重的作用，是我国经济与社会发展的重要支柱。

然而，随着经济社会的发展和自然条件的演变，长江经济带的自然资源消耗严重，生态安全问题也日益突出，对这一重点区域的经济社会发展形成了严重阻碍。我国政府为了破解这一困局做出了大量的努力，2016 年 1 月提出"共抓大保护，不搞大开发"的长江经济带发展思路；2016 年 3 月通过的《长江经济带发展规划纲要》，提出长江经济带发展必须坚持生态优先、绿色发展，共抓大保护，不搞大开发，经济社会的发展过程中更要力求绿色、低碳和循环。

"共抓大保护、不搞大开发"，并不是不开发，也不是完全都保护起来，应该是在保护中求发展，在发展中实现保护。因此，也是协调找到一个开发与保护之间的"和谐平衡"，基于这一认识，笔者在文献［3］中提出"长江经济带保护与开发的和谐平衡发展途径"的建议和思路，本节引用来作为一个实例进行介绍，以作参考。

二、长江经济带开发与保护途径：和谐平衡发展

（一）和谐平衡发展思路

自然环境是人类社会生存和发展的物质基础，既为经济建设提供了动力源泉，也为其赋予了外在约束。在人类社会-自然环境这一庞大的系统中，社会、经济、资源、自然环境各因子间存在着复杂的相互作用与联动关系，人类对自然界的任何行为都会对这个巨系统产生多方面的扰动，并造成深远影响。当前，长江经济带自然环境的破坏已成为亟待解决的问题，如何通过恰当的开发与保护，在社会、经济、资源和自然环境四者之间达到最优的和谐平衡，保障经济社会稳定发展与自然环境良性演进，既是当前长江经济带发展面临的难题，也是一个具有多参与方、多规则和多目标的"和谐"问题。正确认识当前长江经济带发展中的根本矛盾，辨析其外在表现和内在本质，摆正开发与保护的地位，树立正确的发展思路，在当前经济政治形势风云变幻，机遇与挑战并存的内外部环境下，显得尤为重要。

因此，在长江经济带未来的发展中，应当以人与自然和谐思想为指导，以和谐论理论方法为手段，以经济社会和自然环境的和谐发展为目标，坚持环保优先，合理约束人类行为，妥善规划保护和开发途径，合理部署、有序推进，促进人类社会与自然环境的和谐共处与良性互动。

（二）和谐平衡发展途径解读

人类对自然界的互动行为，最终都离不开开发和保护。长期以来，长江经济带自然环

境的开发大大促进了经济社会建设,但同时对生态环境造成了严重破坏,又对经济社会的发展形成了制约;推进长江经济带的生态环境保护,虽然在短时间内会限制自然资源的开发,但自然环境的改善又能为经济社会发展提供有力支持。类同硬币的正反两面,开发与保护二者相互对立又相互依存,维持着一定的平衡,并随着外部环境的改变而此消彼长、相互转化。因此,"不搞大开发"并不意味着禁止一切开发行为,"共抓大保护"也并不是将生态保护作为所有工作的唯一目标和准则。开发与保护如同长江经济带发展的双足,不可偏废,因此,协调长江经济带开发与保护的地位,营造二者间和谐互动的关系成了必然的选择,而这正是和谐平衡发展的核心思路与实践途径,也是"共抓大保护、不搞大开发"这一方针的具体体现与合理延伸。

为了落实和谐平衡发展的思路,应当将生态环境保护工作的重要性提升到崭新的高度,不再盲目追求经济的高增长,而是着力推进生态环境治理与修复;在维持经济社会稳步发展的同时,逐步建立集约化、精细化的经济增长模式,调整和优化产业结构,合理配置与利用地域空间;改进和完善当前的管理体制和政策法规,提升地区间和行业间的统筹协调水平,保障长江经济带全面协调发展;注重社会的稳定和谐与人民的生活保障,营造人与人、人与社会、人与自然环境间和谐共处的良好氛围。

三、长江经济带和谐平衡发展举措:"五个篇章"

和谐平衡发展思路和"共抓大保护、不搞大开发"方针的具体落实,需要多方面的支持和保障,重点在于辩证关系、和谐发展、科技创新、生态文明和严格管理五方面开启新的篇章,真正实现长江经济带的和谐平衡发展,示意如图8-7所示。

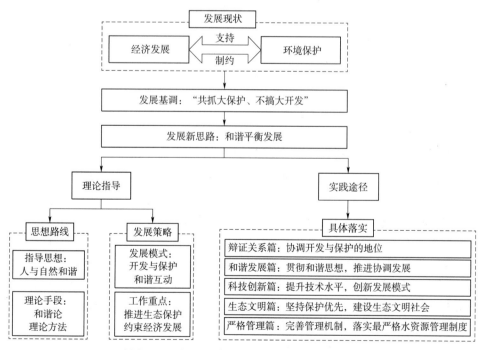

图8-7　长江经济带开发与保护思路与途径

（一）辩证关系篇：协调开发与保护的地位

长江经济带发展困局的根本原因在于开发与保护间的矛盾，针对这一矛盾，应当重点维持开发与保护的和谐平衡。首先应当理清开发与保护的辩证关系，摆正开发与保护的地位，将促进开发与保护的相互支持、相互保障作为工作重点。在此基础上，充分重视生态环境保护的战略地位，结合生态环境保护的各方面要求，从顶层设计的宏观层面统筹规划经济社会的发展和生态环境的保护，以此来指导和规范经济社会的发展方向。通过合理限制人类活动、推动生态建设与治理来改善长江经济带的自然环境，为经济社会的稳定高速发展打下基础；通过经济社会的发展来为环保工作提供各方面的大力支持，推动环保工作的进一步深入，以营造开发与保护间的和谐互动与良性循环。

（二）和谐发展篇：贯彻和谐思想，推进和谐发展

和谐问题的解决需要多方面的参与和协同配合，重点在于区域协调机制的强化与完善。在区域规划方面，应当充分考虑区位特色，合理布置产业部门，力图构筑高效的国土空间结构，并限制部分城市的过饱和发展；在行政管理方面，需要尽快建立适应于长江经济带的区域协调部门和平台，负责区域和行业间关系与利益的平衡，加强区域联系交流与分工合作，缩小发展差距；在空间布局方面，应充分发挥核心城市群和二级核心城市的辐射作用，重视城市边缘地区，增大点-轴发展的覆盖面，重点扶持经济增长的"盲点"地区，补齐发展"短板"，使已有的发展轴线相互交汇，形成稳定的发展框架，并培育新的发展轴线和经济增长极，为经济社会的稳定增长注入新的活力；结合政策和经济扶持，优化整体布局，促进上中下游间、支流与干流间、行政区域间、行业与部门间、城镇与农村间的和谐发展。

（三）科技创新篇：提升技术水平，创新发展模式

大力推动科技创新，并将高新技术引入工业和制造业产业的升级改造，通过技术革新与合理竞争，在落后与过剩的产能上做"减法"，在自然资源的利用效率上做"加法"，追求更加清洁、高效的经济增长方式。先进技术的普及更能够带动经济增长模式的转变和产业结构的优化，使经济社会发展逐渐摆脱对自然资源和能源消耗的过度依赖。除了对传统产业开展升级改造，还应当重点培育高效清洁的尖端产能，重视第三产业的地位，提高整体竞争力，为长江经济带的未来发展奠定基础。在环境治理的实践中，也应当引入先进的科技理论和技术手段，提高治理效率，改进治理效果。此外，还可以应用高新技术来开发非传统资源的利用潜力，如开展城市雨水、空中云水、海水和污水的收集、处理与利用，减轻长江经济带的环境压力。

（四）生态文明篇：坚持保护优先，建设生态文明社会

大力推进生态文明建设，既是长江经济带"共抓大保护、不搞大开发"方针的基础与保障，也是环境治理的必然要求，更代表了经济社会的发展方向，是和谐平衡发展的"抓手"。推进生态文明建设，需要政府和社会等多角色的协同发力。在宏观政策层面，应当将生态文明建设提升到战略高度，坚持保护优先，主动推进生态文明政府和生态文明社会的建立。在经济发展层面，应当坚定不移地推进供给侧结构性改革，淘汰落后产能、整合重复产能，建立环境友好的经济增长模式，并通过政策法规等手段，使企业担负起应有的环保责任。在生态环境保护方面，应当坚持环境治理与修复在生态文明建设中的核心地位，大力开展生态整治，实行重点治理和全面治理并重的治理策略，为经济社会的和谐平衡发展提供良好的外部环境和空间。

（五）严格管理篇：完善管理机制，落实最严格水资源管理制度

为了提高水资源利用的效率，遏制污染和浪费，应当深入贯彻落实最严格水资源管理制度，约束水资源乃至其他自然资源的利用行为。为了合理管控自然资源的开发利用，应当完善生态保护相关法律法规，加强执法队伍建设，通过法制手段来统一自然资源开发利用所对应的权利、责任和义务，明确合理开发和充分利用的原则，并建立和完善生态补偿机制，缓和开发利用行为的环境影响。此外，还应当创新政府考核机制，将环保工作作为重要考核指标，形成政府激励机制。

参 考 文 献

[1]　左其亭，赵衡，马军霞. 水资源与经济社会和谐平衡研究［J］. 水利学报，2014，45（7）：785－792.

[2]　左其亭. 和谐论：理论·方法·应用［M］. 2版. 北京：科学出版社，2016.

[3]　左其亭，王鑫. 长江经济带保护与开发的和谐平衡发展途径探讨［J］. 人民长江，2017，48（13）：1－6.

第三篇

方　法　论

第九章 人水和谐辨识

人水关系十分复杂，涉及水系统的众多要素、人文系统的众多利益相关者，包含错综复杂的众多关系和影响因素，而哪些是影响人水关系的关键因素，哪些是决定人水关系的主导方，需要定量辨识。这对正确认识人水关系、科学调控人水关系具有重要意义。本章以人水关系辨识为对象，引自文献［1］、［2］内容，介绍和谐辨识的概念，阐述和谐辨识方法及其在人水关系辨识中的应用。和谐辨识方法是和谐论量化研究的一个重要方法，也是和谐论应用的重要技术方法之一。

第一节 人水和谐辨识的概念

一、人水和谐辨识问题的提出

在人水系统中，人文系统与水系统的运动都有其自身的固有属性和客观规律，与此同时两者又互为外部环境，通过物质、能量、信息的输入和输出产生着作用与反作用。一方面，从水系统角度来看，其具有资源、生态和环境功能，作用在人文系统则是保障人类的生存繁衍、社会进步、经济繁荣等发展需求。然而，水资源的时空分布不均和有限性、水环境承载力的有限性、水生态修复力的有限性等水系统的基本属性也都是客观存在的事实，对水系统功能的发挥形成固有制约，严重时会威胁到人类的生存和发展，这也是大自然给人类提出的考验。另一方面，从人文系统来看，人类的生存安全和发展需求离不开对水的利用，因此用水、治水活动是必然的。然而，人类活动会对天然水循环过程产生干扰，改变了水系统的属性特征和相关功能，反过来又会影响人类的生活质量、用水习惯、经济结构、产业布局等，促进或制约社会、经济、科技、文化等水平的提高，进而影响到人文系统的发展。两者相互依赖、相互影响，由此形成了一个极其复杂的作用与反馈系统，可以说，无法完全理清其作用关系。

现实生活中不仅仅是人水关系，推而广之，在人类处理各种关系，特别是复杂关系时，至少会涉及两个或两个以上的参与者，即利益相关方（或简称相关方），并受到诸多因素的影响。为了分析其作用关系，人们总希望在可能的情况下辨识其中的部分有用信息，包括识别出影响因素和作用大小。也就是在此背景下，基于对人水和谐问题的理解，提出了和谐辨识的概念[1]。

二、和谐辨识的概念

针对一个和谐问题的研究，首先要做一些分析工作，来进一步认识和谐问题。比如，在双方和谐或多方和谐中，有些和谐方可能是主导地位，有些可能是次要地位，甚至在某些时候占有主要地位，在某些时候又转化为次要地位，也就是和谐方对和谐程度的贡献大小有可能不同，需要进行分析和识别。再比如，一个和谐问题的影响因素很多，到底哪些因素是主要的，哪些是次要的，也就是不同因素对和谐程度的贡献大小有可能不同，也需要进行分析和识别。这就是本章将要介绍的和谐辨识问题。

和谐辨识（harmony identification）是指通过对双方或多方相关方之间和谐关系的定量分析，判别相关方之间是否有和谐关系以及和谐关系大小、不同相关方对和谐关系的贡献大小和主次关系、不同影响因素对和谐关系的贡献大小和主次关系的过程。其中，针对人水关系开展的和谐辨识研究就称为人水和谐辨识。通过辨识，可以反映出某一时刻各和谐方的主次和作用大小、不同影响因素的主次和作用大小，以及这些特征的时空变化规律，有助于进一步认识和谐问题。

由和谐辨识的概念可知，和谐辨识需要处理的关键问题是针对具体和谐问题，建立起和谐方、和谐影响因素与和谐程度在某时段内的定量关系。然而，和谐辨识对象涉及多个和谐方与众多影响因素，其内部要素之间及与外部环境之间作用过程复杂而又广泛存在不确定性，作用原理难以阐释清楚，这给定量辨识工作带来了困难。如何在定性描述和归纳和谐问题的基础上，寻求合适的研究途径和方法，对和谐关系中存在的诸多作用过程进行定量辨识，是和谐辨识方法应用研究的重点。

和谐辨识研究的对象可以是宏观层面的复杂关系，也可以是相关方的下一层组成要素（即下一层相关方）、影响因素的和谐关系，甚至再下一层组成要素，影响因素的和谐关系。因此，可以根据具体情况分为不同层次的和谐关系，得到多层次下的相关方和影响因素。再通过和谐辨识研究，分层次建立明晰的关系，有利于更加全面地认识这种复杂关系。

比如，一个流域人水关系分析，宏观上涉及人文系统与水系统。其中，人文系统又涉及众多利益相关者（比如，不同用水行业），与水系统的关系可能是改善，也可能是恶化。水系统本身亦处于动态变化的形态（比如，不同水域水量、水质）中，比如从水量上看，水具有利害两重性，水能载舟，亦能覆舟。人水关系的不和谐，可能源于人对水的伤害，也可能源于水对人的报复。微观上再进一步分析，不同用水行业又涉及众多用水部门（或个人），有些部门对水系统是改善的，有些可能是恶化的；不同河流的来水，大的来水被称为洪水，危及人类生命财产安全，当然洪水被利用好，又能为人类服务。如果这种复杂的人水和谐关系被逐层、逐因素辨识清晰，对全面认识人水关系具有重要意义，也凸显出提出和谐辨识的理论意义和实践价值。

三、和谐辨识问题举例：人与自然和谐

从人类发展历史来看，在人类社会早期，人类的劳动力水平很低，主要靠狩猎为生，以顺应自然界为主，来实现早期的人类社会最基本、最简单的生存，在这一漫长的历史时期，人与自然的关系主要以自然规律主宰为主，自然界占主导地位，决定着这一时期的人与自然"低层次"的原始和谐关系。随着人类社会的发展，人类开始发展农业，进入农业文明时代，劳动力水平慢慢提高，在人与自然的关系中，人的作用开始慢慢有所加强，但

仍然占次要地位，尽管有了一些早期的水利灌溉工程，主要还是"靠天吃饭"。随着人类社会的进一步发展，特别是工业革命以后，发明了可以帮助人类工作的机械，进入工业文明时代，人类改造自然的能力大幅度提高，也取得了一个又一个改造自然的辉煌成就，很容易让人类以自然界的主宰自居，幻想着人类会征服自然。这一时期，人类自己已经变为主导地位，自然界变为被动地位。由于人类不合理的开发和改造自然，带来了一系列的不和谐问题。以人类征服自然为主要特征的工业文明在给人类带来短暂辉煌之后，生态系统陷入前所未有的窘境，随之全球爆发了一系列的生态危机，生态问题成了制约世界经济社会发展的绊脚石。这时候，人类不得不开始反思自己的发展历程和行为，终于认识到，人类主宰自然是不可能的，必须保护自然，与自然和谐相处，努力进入生态文明新时代。在这一时期，人们倡导人与自然和谐相处，提倡尊重自然、顺应自然和保护自然，人与自然处于平等地位。

以上是对人与自然和谐问题在时间维上双方主次地位的定性辨识分析，此外还可以对人与自然和谐问题影响因素进行辨识分析。比如，对影响人与自然和谐问题的因素辨识，可以分析得出哪些是主要影响因素，以及在此基础上判别需要对哪些主要因素进行科学调控。

也可以从不同层面上来分析：①宏观层面：人与自然外在表现出整体和谐，各相关方在实现自身和谐的同时相互良性协调达到和谐状态；②中观层面：各相关方自身要处于和谐状态，即组成相关方的下一层次相关方之间或组成要素（可以看成是微观的相关方）之间要达到和谐；③微观层面：相关方的组成要素、影响因素等微观单元自身要处于和谐状态。可以说，人与自然关系建立的过程就是诸多相关方、影响因素相互作用、调适的过程，它们共同影响着人与自然的和谐发展态势。但是，在此过程中不同相关方、不同影响因素所起到的作用大小不一，找出哪些对和谐关系影响或作用最大，是有效建立和谐关系的关键。

第二节　人水和谐辨识方法及应用

一、和谐辨识方法概述

由以上分析可知，和谐辨识研究的核心在于针对复杂的和谐关系，分析量化利益相关方、影响因素与和谐程度在研究时段内的相互作用，由此通过对比分析，得到辨识结果，这就是和谐辨识方法研究的基本思路。

当一个和谐辨识问题转化为一个定量化的辨识计算问题后，就变成一个纯粹的系统辨识问题。因此，一般的系统辨识方法都可以应用于此计算。

所谓系统辨识或称系统识别，是利用系统的观测试验数据和先验知识，建立系统的数学模型，估计参数的理论和方法。系统识别是通过观测一个系统或一个过程的输入-输出关系，确定该系统或过程的数学模型。关于系统辨识的计算方法很多，也有不同分类，比如，大类上可以分为建模辨识方法和非建模辨识方法。

（1）建模辨识方法。根据辨识目的及输入、输出变量个数又可分为三种：①用于单输入、单输出系统仿真的单变量系统建模辨识方法，比如最小二乘法、极大似然法、随机逼近法、预报误差法等；②用于多输入、多输出系统仿真的多变量系统建模辨识方法，比如神经网络模型、模糊逻辑理论、遗传算法、小波网络等方法；③用于系统预测的时间序列建模辨识方法，比如自回归滑动平均模型、多变量自回归滑动平均模型、多变量自回归模型等方法。

（2）非建模辨识方法。主要采用回归分析、相关分析等统计分析方法及灰色关联分析法等系统分析方法。和谐辨识方法与辨识问题对应关系如图 9-1 所示。下面仅介绍几种辨识方法作为参考，其他方法也可以类似应用。

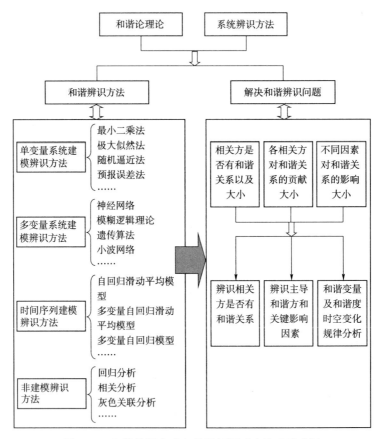

图 9-1　和谐辨识方法与辨识问题对应关系示意图

二、非建模辨识方法及应用举例

非建模辨识，顾名思义，是不通过构建模型，而通过统计分析或系统分析来完成辨识计算。非建模辨识方法是通过对和谐问题中各和谐方、各影响因素与和谐程度的数据序列进行统计分析或系统分析，定量描述待辨识变量之间相互关联的紧密程度，以此来衡量各和谐方、各影响因素对和谐程度的贡献大小或主次。非建模辨识方法在应用时不需要对待辨识系统内部作用机制进行深入解析，而是将注意力集中在分析待辨识变量间的统计关系或系统关系上，有助于从复杂关系中寻求简单关系以对问题给予解答。具体的计算方法有回归分析、相关分析等统计分析方法，以及灰色关联分析法等系统分析方法。其中，回归分析法通过建立因变量与自变量之间的回归关系函数表达式（称回归方程式），以定量确定变量间的相关程度；相关分析法一般用于研究客观现象之间有无相关关系、相关关系的表现形式和密切程度等，通过计算现象间的相关系数大小进行判断；灰色关联分析法根据各变量变化曲线几何形状的相似程度，来判断变量之间关联程度，以灰色关联度进行定量表征。本节选择灰色关联分析法作为代表，简要介绍该方法的计算步骤，并列举一个应用实例。

灰色关联分析法是用以分析变量之间相关关系的一种计算方法，其基本思想是以样本数据序列为依据，量化分析系统参考序列曲线与比较序列曲线的相似程度判别两序列的关联程度大小。通过灰色关联分析，可以计算得到各比较序列与参考序列的灰色关联度，灰色关联度越大，说明该比较序列与参考序列之间的变化态势越一致，依此分析各比较序列对参考序列变化态势的贡献强弱。其计算步骤如下：

（1）确定参考序列 $x_0(k)$ 与比较序列 $x_i(k)$，$k=1, 2, \cdots, n$；$i=1, 2, \cdots, m$。即参考序列为：$x_0(1)$，$x_0(2)$，$\cdots$，$x_0(n)$，比较序列为

$$x_1(1), \ x_1(2), \ \cdots, \ x_1(n)$$

$$x_2(1), \ x_2(2), \ \cdots, \ x_2(n)$$

$$\vdots$$

$$x_m(1), \ x_m(2), \ \cdots, \ x_m(n)$$

（2）采用一定方法对数据序列做无量纲处理，比如用初值（即 $k=1$）去除各个数据，得到一个无量纲序列。经无量纲处理后的参考序列设为 $x_0'(k)$，比较序列设为 $x_i'(k)$。

（3）计算比较序列与参考序列的灰色关联系数 $\gamma[x_0(k), x_i(k)]$。

先计算差序列 $\Delta_{0i}(i=1,2,\cdots,m)$：

$$\Delta_{0i} = |\ x_0'(k) - x_i'(k)\ |$$

$$\gamma[x_0(k), x_i(k)] = \frac{\mathrm{Min}_i\, \mathrm{Min}_k[\Delta_{0i}(k)] + \zeta\, \mathrm{Max}_i\, \mathrm{Max}_k[\Delta_{0i}(k)]}{\Delta_{0i}(k) + \zeta\, \mathrm{Max}_i\, \mathrm{Max}_k[\Delta_{0i}(k)]}$$

式中：Δ_{0i} 为差序列；ζ 为分辨系数，取值范围为（0，1），常取 0.5；$i=1, 2, \cdots, m$。

（4）计算比较序列 x_i 与参考序列 x_0 间的灰色关联度 γ_{0i}：

$$\gamma_{0i} = \frac{1}{n} \sum_{k=1}^{n} \gamma[x_0(k), x_i(k)], \quad i=1,2,\cdots,m$$

为了说明其应用，列举一个城市人水和谐影响因素辨识实例。在该实例中我们已选择了 3 大类 20 个指标对其人水和谐程度进行了量化评估，先计算单指标和谐度，再综合计算 3 个准则的子和谐度，最后集成计算得到最终的总体人水和谐度（表 9-1 中最右一列）。为了简化计算和表述，这里仅选择 7 个指标，其计算得到的 2007—2012 年各指标和谐度，即表 9-1 中左起第二～第八列。这 7 个指标的单指标和谐度作为和谐辨识输入，总体人水和谐度作为和谐辨识输出，下面利用灰色关联分析法从宏观层面上定量辨识影响人水和谐度变化的关键因素。

表9-1 计算的7个单指标和谐度以及总体人水和谐度结果

指标 年份	人口 密度	人均 GDP	人均水 资源量	城市 化率	污水 处理率	绿化 覆盖率	万元 GDP 用水量	人水 和谐度
2007	0.356	0.332	0.609	0.565	0.210	0.454	0.816	0.410
2008	0.338	0.350	0.612	0.657	0.270	0.470	0.830	0.411
2009	0.324	0.377	0.615	0.673	0.375	0.481	0.854	0.473
2010	0.317	0.427	0.609	0.676	0.443	0.486	0.900	0.548
2011	0.311	0.506	0.609	0.692	0.451	0.505	0.930	0.527
2012	0.306	0.585	0.611	0.705	0.463	0.524	0.934	0.526

令该城市人水和谐度值为参考序列，记 $x_0(k)$；令 7 个指标的单指标和谐度为比较序列（作为影响因素），分别记为 $x_1(k)$、$x_2(k)$、$x_3(k)$、$x_4(k)$、$x_5(k)$、$x_6(k)$、$x_7(k)$。计算各影响因素与人水和谐度的灰色关联度大小，结果见表9-2。

表9-2 人水和谐度与7个指标（影响因素）之间的灰色关联度计算结果

指标	人口 密度	人均 GDP	人均 水资源量	城市 化率	污水 处理率	绿化 覆盖率	万元 GDP 用水量
关联度	0.685	0.819	0.763	0.875	0.516	0.818	0.829

由表9-2可知，影响因素与该城市人水和谐度关联的紧密程度由大到小依次为城市化率、万元 GDP 用水量、人均 GDP、绿化覆盖率、人均水资源量、人口密度、污水处理率。这也反映了它们对人水和谐度变化的贡献次序。从一定程度上说明，在此时段内城市化率对人水和谐程度的影响最大，然而也要认识到"污水处理率"具有较低的和谐度及关联度。正是由于污水处理率一直较低，影响着总和谐度，但又表现出该因素对总和谐度影响较小的结果，所以在今后的发展中该城市需要注意提高污水处理率，在经济社会稳步发展的同时保证水环境的良好状态。

三、多变量系统建模辨识方法及应用举例

多变量系统建模辨识针对的是受到多个变量影响的复杂系统的和谐辨识问题，将多个和谐方、影响因素作为输入，和谐程度作为输出，以建立两者间的线性或非线性定量关系模型，进而结合敏感性分析方法，确定输入变量变化对输出变量变化的贡献大小和优先顺序。常用的建模辨识方法有多元回归分析法、系统动力学模型、神经网络模型等。其中，多元回归分析法用于研究多个自变量与多个因变量之间关系，建立能够定量描述它们关系的数学表达式；系统动力学模型通过信息反馈控制原理并结合因果关系逻辑分析，模拟系统结构、功能和行为之间的动态变化关系；神经网络模型具有良好的非线性映射能力和自组织、自学习、自适应能力，适用于模拟建立多输入变量-输出变量之间的非线性映射关系。本节下面将简要介绍神经网络模型方法的应用举例。

神经网络模型（简称 ANN）是采用物理可实现的系统来模仿人脑神经细胞的结构和功能，是由多个非常简单的处理单元按某种方式相互连接而形成的计算系统，从单方面或

多方面的来源采集输入资料，并根据预先确定的非线性函数得到输出。

一个神经网络是由许多相互联系的神经元按一定形式构筑的，因而可以有很多形式。神经网络模型和算法种类很多，目前比较常用的是 BP 神经网络，是一种由非线性变换单元组成的前馈网络。本节选择 BP 神经网络模型方法对多变量系统进行建模，以定量描述多输入-输出变量间的映射关系，再应用于辨识。

选择的实例是对某省农业用水量与影响因素之间建立的 BP 神经网络模型。选择人均 GDP（X_1，元）、第三产业产值占 GDP 比重（X_2，%）、城镇人口比例（X_3，%）、城镇居民可支配收入（X_4，元）、工业产值占 GDP 比重（X_5，%）、第二产业从业人员比重（X_6，%）、工业增加值占 GDP 比重（X_7，%）作为辨识输入因子，农业用水量作为辨识输出因子。通过数据处理得到该省 18 个市 2001—2013 年共 234 组样本序列，前 180 组用于训练，后 54 组用于测试，误差设定 $E_0 = 10^{-4}$，最终选择 1 个隐含层、6 个神经元的网络模型，并通过精度检验，从而构建了该问题的 BP 神经网络模型。基于得到的神经网络模型，利用基于连接权的敏感性分析方法（如 Garson 方法），计算各影响因素（输入因子）对农业用水量（输出因子）的影响程度（贡献大小）Q_i，见表 9 - 3。

表 9 - 3　　　　　　　　　农业用水量受主要影响因素的影响程度大小

影响因素 指标	人均 GDP （X_1）	第三产业 产值占 GDP 比重（X_2）	城镇人口 比例（X_3）	城镇居民 可支配收入 （X_4）	工业产值 占 GDP 比重 （X_5）	第二产业从 业人员比重 （X_6）	工业增加值 占 GDP 比重 （X_7）
影响程度 Q_i	0.104	0.117	0.168	0.131	0.110	0.193	0.177

从表 9 - 3 来看，影响其农业用水变化的 7 个指标中，按影响程度从大到小依次为第二产业从业人员比重、工业增加值占 GDP 比重、城镇人口比例、城镇居民可支配收入、第三产业产值占 GDP 比重、工业产值占 GDP 比重、人均 GDP。可以认为，第二产业从业人员比重、工业增加值占 GDP 比重、城镇人口比例是影响农业用水变化的关键性指标，三者与农业用水间存在负相关关系。

参 考 文 献

[1] 左其亭，刘欢，马军霞．人水关系的和谐辨识方法及应用研究 [J]．水利学报，2016，47（11）：1363 - 1370，1379．

[2] 左其亭．和谐论：理论・方法・应用 [M]．2 版．北京：科学出版社，2016．

第十章 人水和谐评估

到底什么样的人水关系是和谐关系，以及和谐水平如何？这就需要对其进行定量评估，即和谐评估。这对摸清和谐问题的水平或状态、科学调控人水关系具有重要意义。本章以人水和谐评估为对象，引自文献［1］、［2］内容，介绍和谐评估的概念，阐述和谐评估方法及其在人水系统中的应用。和谐评估方法是和谐论量化研究的一个重要方法，也是和谐论应用最多的技术方法。

第一节　人水和谐评估的概念

一、人水和谐评估问题的提出

我们经常提及"人水关系恶化""不和谐""和谐"，那么怎么回答诸如"怎么样的关系才算是人水和谐关系？""如何评估某一地区或流域的人水和谐程度，以说明一个地区或流域比另一个地区或流域的和谐程度高？""怎样做才能达到人水和谐？"等问题。实际上，由于人水系统的复杂性，人水关系难以理清楚，想准确回答确实有一定困难，会夹杂着很大的人为因素。但是，如果没有一套定量化评估方法，可能会因人而异，得到相差比较大的结论，这对科学认识和调控人水关系不利。比如，针对一个流域的人水关系认识，首先要给出这个流域人水关系状况的评估是和谐还是不和谐以及和谐状况水平；如果出现不和谐状况，再考虑怎么调控以便其走向和谐状态。因此，和谐评估是正确认识人水关系、科学调控人水关系的前提和重要基础工作。

现实生活中不仅仅是人水关系，推而广之，在人类认识各种关系，特别是复杂关系时，因受到影响因素、认识水平、判断标准以及计算方法等诸多因素的影响，人们总希望在可能的情况下科学评估其状态。也就是在此背景下，基于对人水和谐问题的理解，提出了和谐评估的概念。

二、和谐评估的概念

一个和谐问题往往比较复杂，受到不同和谐方的制约和众多因素的影响，到底其和谐状态如何，一般在研究时需要正确评估其和谐程度。其实，和谐程度本身就是一个模糊概念，需要综合考虑众多因素，综合评估其和谐程度大小。

和谐评估（harmony assessment）是对和谐参与者所处的状态以及和谐程度水平进行的评估。通过评估，可以反映出总体和谐程度、所处的状态和水平，以及时空变化规律，为和谐问题评价、寻找和谐策略提供依据。其中，针对人水关系开展的和谐评估研究就称为人水和谐评估。

三、和谐评估问题举例："三生"用水和谐评估

生活用水、生产用水、生态用水合称为"三生"用水。针对一个流域或区域，假如可用水总量是一定的，也就是说，生活用水（$Q_{生活}$）、生产用水（$Q_{生产}$）、生态用水（$Q_{生态}$）之和不能超过某一限定值（记作 $Q_{总}$）。假如生活用水（$Q_{生活}$）、生产用水（$Q_{生产}$）多了，剩下的生态用水（$Q_{生态}$）就少了，无法保证生态用水，就会导致生态慢慢退化。这就是经常说的，人们生活用水和生产用水挤占了生态用水。反过来，假如满足了生活用水和生态用水，增加的生产用水需求就无法得到满足，影响生产，制约着经济发展。由此可以看出，生活用水、生产用水、生态用水需要协调好，才能实现和谐发展，到底和谐状态如何呢，需要进行定量评估，详细计算将在第二节介绍。

第二节　人水和谐评估方法及应用

一、和谐评估方法概述

关于一般问题的"评估"方法，很多学科都有涉及，也有很多种方法，如德尔斐专家评估法、投入产出模型法、系统分析方法等。这里介绍两种和谐评估方法，也是两种不同的评估思路：一是和谐度评价方法，主要是通过建立和谐度方程，计算得到不同和谐问题的和谐度，以此作为定量评估和谐程度的依据；二是多指标综合评价方法，通过建立一套指标体系，采用综合评价方法，来综合评估其和谐程度。

和谐度评价方法主要适用于参与者比较明确、易于建立和谐度方程的和谐问题。可以通过一定计算程序计算得到和谐度 HD 大小。

多指标综合评价方法主要适用于可以用指标体系表征的和谐问题。可以通过多个指标对照标准综合评估得到和谐程度的水平。也就是说，通过多指标综合评估得到的综合水平就表达其总体和谐程度。需要解答的疑虑是"为什么和谐评估计算结果就能表达和谐程度？"对此说明如下：①针对的问题原本就存在和谐关系，并可以用多指标进行表征，通过和谐评估计算就得到表征和谐程度综合水平的结果。也就是说，原本就存在和谐关系，只是引用了和谐评估方法，计算的结果就反映和谐程度大小。②在计算和谐程度之前，首先需要说清楚面对的问题存在着和谐关系，所以，首先需要进行和谐辨识。只有在确认存在和谐关系的情况下，评估计算的结果才真正具有和谐评估的含义。

二、和谐度评价方法及应用举例

和谐度评价方法（the method of harmony degree evaluation）就是直接引用第三章介绍的和谐度方程，对和谐程度进行评价。针对和谐问题，首先确定和谐论五要素，然后建立和谐度方程，再根据具体问题计算和谐度大小，据此评价和谐程度。具体步骤如下。

（一）和谐度评价方法的步骤

1. 确定和谐论五要素

根据第三章叙述，为了科学合理表达和谐问题，定量评估和谐程度，首先需要确定和

谐论五要素，即和谐参与者、和谐目标、和谐规则、和谐因素、和谐行为。这是客观描述和谐问题、进一步建立和谐度方程的基础。

为了定量描述的方便，在确定和谐论五要素时，尽量采用可以定量化描述的目标、规则、因素、行为。对于一些定性问题，可以采用分级定性描述，再按照模糊隶属度描述方法来定量表达。

以一个区域用水量分配和谐评估为例。①确定和谐参与者是哪些。如果是某省级区的不同地级行政区之间的和谐，则其和谐参与者是各个地级行政区；如果是地级行政区的各县级行政区之间的和谐，则其和谐参与者就是地级行政区的每个县级行政区。②根据具体情况，确定和谐目标，也就是要制定达到区域用水量分配和谐的主要控制标准，如人均生活用水量不得低于某一标准，农田灌溉定额不得高于某一标准，生态用水量不得低于某一标准等。这些和谐目标尽量可度量。③确定和谐规则，尽量反映和谐问题实际需要，比如要求各行政区的用水量与人口总数成正比（可以是一个区间）。④选择和谐因素，反映所关注的主要因素，比如用水量、用水定额、供水保证率、公众参与节水意识等。⑤确定和谐行为，实际上就是要选择表征和谐行为的具体指标，比如分区用水量。这些指标一般都可以通过统计或简单计算得到。

2. 建立和谐度方程

根据第三章叙述，先确定统一度 a、分歧度 b、和谐系数 i、不和谐系数 j，再代入到和谐度方程，就得到该和谐问题的和谐度方程。关于各种参数确定及和谐度方程的建立方法均已在第三章详细论述过。需要进一步指出的是，所建立的和谐度方程是一个动态的方程，可以根据参数、指标的变化而变化。

对于多因素、多层次和谐问题，可以采用第三章介绍的多因素和谐度和多层次和谐度计算方法进行计算。

3. 定量计算和谐度

根据不同情况，在给定各个参数和指标的情况下，依据和谐度方程就能计算得到和谐度大小，依据和谐度大小就能判断和谐程度等级（如第三章的表 3－1），以此作为和谐评估的依据。例如，可以用不同地级行政区用水量分配的和谐度，作为横向评比多个地级行政区用水量分配和谐度大小的依据；也可以计算同一个地级行政区不同年份用水量分配和谐度的变化，来纵向评价和谐程度的变化趋势。

（二）应用举例

这里以一个地级市的 5 个县用水管理和谐评估为例来说明。5 个县的编号分别为 S_1、S_2、…、S_5，计算采用 10 年的数据，年份编号分别为 Y1、Y2、…、Y10。

1. 确定和谐论五要素

该和谐问题的参与者是研究区内的 5 个县。选择的和谐目标是按照最严格水资源管理制度"三条红线"，分别是：①用水总量控制红线，要求各县域用水总量不能超过某一限值；②用水效率控制红线，要求万元工业增加值用水量不能超过某一限值，农田灌溉水有效利用系数控制在某一水平以上；③纳污总量控制红线，要求各县域主要水域水功能区水质达标率不能低于某一限值。

此问题的和谐规则是：同时满足"三条红线"，每条红线都同等重要。选择的和谐因素主要考虑"三条红线"，分别有用水总量控制因素、用水效率控制因素、纳污总量控制因素。对应的和谐行为指标有用水总量（亿 m^3）、万元工业增加值用水量（m^3）、农田灌溉水有效利用系数（无量纲）、主要水域水功能区水质达标率（%）。

2. 建立和谐度方程

评价指标选择 4 个指标，即用水总量（Z_1）、万元工业增加值用水量（Z_2）、农田灌溉水有效利用系数（Z_3）、主要水域水功能区水质达标率（Z_4）。5 个县 10 年的各指标数据见表 10-1。

表 10-1　　　　　　县域用水管理和谐评估指标基础数据一览表

县域编号	年份编号	Z_1/亿 m^3	Z_2/ m^3	Z_3	Z_4/%
S_1	Y1	1.75	89	0.52	50
	Y2	1.69	91	0.5	50
	Y3	1.57	82	0.5	55
	Y4	1.48	76	0.5	55
	Y5	1.39	72	0.51	60
	Y6	1.47	71	0.52	60
	Y7	1.33	73	0.52	60
	Y8	1.38	75	0.53	65
	Y9	1.25	70	0.53	65
	Y10	1.22	68	0.53	65
S_2	Y1	1.4	80	0.45	51
	Y2	1.42	77	0.45	55
	Y3	1.35	77	0.47	58
	Y4	1.36	76	0.48	58
	Y5	1.33	77	0.51	61
	Y6	1.32	75	0.52	66
	Y7	1.3	72	0.52	63
	Y8	1.26	70	0.52	66
	Y9	1.22	69	0.52	65
	Y10	1.21	68	0.53	67
S_3	Y1	1.11	89	0.45	45
	Y2	1.01	88	0.48	46
	Y3	0.92	75	0.54	49
	Y4	0.91	71	0.55	54
	Y5	0.78	66	0.56	58
	Y6	0.77	64	0.56	65
	Y7	0.71	61	0.57	68
	Y8	0.69	60	0.57	78
	Y9	0.61	55	0.58	87
	Y10	0.61	51	0.59	91

县域编号	年份编号	Z_1/亿 m^3	Z_2/ m^3	Z_3	Z_4/%
S_4	Y1	1.85	71	0.55	80
	Y2	1.77	68	0.55	81
	Y3	1.71	65	0.54	83
	Y4	1.69	64	0.54	83
	Y5	1.63	61	0.54	85
	Y6	1.61	57	0.57	86
	Y7	1.58	57	0.57	86
	Y8	1.55	51	0.59	90
	Y9	1.56	51	0.59	92
	Y10	1.55	51	0.59	92
S_5	Y1	2.11	89	0.58	55
	Y2	1.95	88	0.58	58
	Y3	1.4	60	0.51	82
	Y4	1.25	55	0.52	85
	Y5	1.78	82	0.57	65
	Y6	1.82	75	0.56	68
	Y7	1.46	61	0.51	73
	Y8	1.32	60	0.51	85
	Y9	1.67	70	0.58	72
	Y10	1.26	80	0.51	72

另外，还已知各指标的判别标准。针对用水总量（Z_1）指标，按照各县域的实际控制量进行控制，主要节点隶属度对应的指标值见表 10 - 2。其他 3 个指标（Z_2、Z_3、Z_4）主要节点隶属度对应的指标值见表 10 - 3。

表 10 - 2　　　　　　　　　5 个县域用水总量（Z_1）指标节点值　　　　　　　单位：亿 m^3

县域编号	合格值指标 Z_{1C} ($a=0.6$)	较优值指标 Z_{1B} ($a=0.8$)	最优值指标 Z_{1A} ($a=1$)
S_1	1.45	1.22	1.15
S_2	1.25	0.95	0.88
S_3	0.95	0.75	0.68
S_4	2.1	1.75	1.55
S_5	1.95	1.4	1.25

表 10-3　　　　　　　　　　　　　其他指标（Z_2、Z_3、Z_4）指标节点值

指　　标	单位	合格值指标 Z_C （$a=0.6$）	较优值指标 Z_B （$a=0.8$）	最优值指标 Z_A （$a=1$）
万元工业增加值用水量（Z_2）	m³	75	65	40
农田灌溉水有效利用系数（Z_3）	—	0.5	0.55	0.6
水功能区水质达标率（Z_4）	％	55	80	95

（1）计算统一度值 a、分歧度值 b。根据表 10-1 中的数据，按照以下公式计算各指标对应的统一度值 a_1、a_2、a_3、a_4。

$$a_1 = \begin{cases} 1, & x \leqslant Z_{1A} \\ 1 - \dfrac{x - Z_{1A}}{Z_{1B} - Z_{1A}} \times 0.2, & Z_{1A} < x \leqslant Z_{1B} \\ 0.8 - \dfrac{x - Z_{1B}}{Z_{1C} - Z_{1B}} \times 0.2, & x > Z_{1B} \end{cases}$$

$$a_2 = \begin{cases} 1, & x \leqslant Z_{2A} \\ 1 - \dfrac{x - Z_{2A}}{Z_{2B} - Z_{2A}} \times 0.2, & Z_{2A} < x \leqslant Z_{2B} \\ 0.8 - \dfrac{x - Z_{2B}}{Z_{2C} - Z_{2B}} \times 0.2, & x > Z_{2B} \end{cases}$$

$$a_3 = \begin{cases} 1, & x \geqslant Z_{3A} \\ 0.8 + \dfrac{x - Z_{3B}}{Z_{3A} - Z_{3B}} \times 0.2, & Z_{3B} \leqslant x < Z_{3A} \\ 0.6 + \dfrac{x - Z_{3C}}{Z_{3B} - Z_{3C}} \times 0.2, & x < Z_{3B} \end{cases}$$

$$a_4 = \begin{cases} 1, & x \geqslant Z_{4A} \\ 0.8 + \dfrac{x - Z_{4B}}{Z_{4A} - Z_{4B}} \times 0.2, & Z_{4B} \leqslant x < Z_{4A} \\ 0.6 + \dfrac{x - Z_{4C}}{Z_{4B} - Z_{4C}} \times 0.2, & x < Z_{4B} \end{cases}$$

根据以上公式计算得到每个县域的 a_1、a_2、a_3、a_4 值，再加权（本例采用等权重）计算得到最终的统一度综合值 a。再采用公式 $b = 1 - a$ 计算得到分歧度 b 值。

（2）计算和谐系数 i、不和谐系数 j。根据上面介绍的和谐目标，计算各种情况下对应的和谐系数 i_k，再通过取最小值的方法得到最终的和谐系数值 i。

针对本例，上面提出了 3 个方面的和谐目标，是"三条红线"指标。假定限制指标不得小于某限值（Z_C），则用下式计算和谐系数 i_k：

$$i_k = \begin{cases} 0, & x < Z_C \\ 1, & x \geqslant Z_C \end{cases}$$

假定限制指标不得大于某限值（Z_C），则用下式计算和谐系数 i_k：

$$i_k = \begin{cases} 0, & x > Z_C \\ 1, & x \leqslant Z_C \end{cases}$$

关于不和谐系数 j 的确定有很多种方法，如第三章第二节的论述，本例选择一种简单方法，j 的大小等于分歧度 b 的大小。

（3）计算和谐度 HD。根据和谐度方程 $HD = ai - bj$，计算得到和谐度 HD。计算结果见表 10-4，HD 变化曲线如图 10-1 所示。

表 10-4　　　　　　　　　　　　县域用水管理和谐评估计算结果

县域编号	年份编号	a	b	i	j	HD
S_1	Y1	0.4748	0.5252	0	0.5252	−0.2758
	Y2	0.4578	0.5422	0	0.5422	−0.2940
	Y3	0.5389	0.4611	1	0.4611	0.3263
	Y4	0.5885	0.4115	1	0.4115	0.4192
	Y5	0.6480	0.3520	1	0.3520	0.5241
	Y6	0.6457	0.3543	1	0.3543	0.5202
	Y7	0.6661	0.3339	1	0.3339	0.5546
	Y8	0.6652	0.3348	1	0.3348	0.5531
	Y9	0.7185	0.2815	1	0.2815	0.6393
	Y10	0.7350	0.2650	1	0.2650	0.6648
S_2	Y1	0.4920	0.5080	1	0.5080	0.2339
	Y2	0.5117	0.4883	1	0.4883	0.2733
	Y3	0.5493	0.4507	1	0.4507	0.3462
	Y4	0.5627	0.4373	1	0.4373	0.3715
	Y5	0.5987	0.4013	1	0.4013	0.4377
	Y6	0.6303	0.3697	1	0.3697	0.4936
	Y7	0.6427	0.3573	1	0.3573	0.5150
	Y8	0.6653	0.3347	1	0.3347	0.5533
	Y9	0.6750	0.3250	1	0.3250	0.5694
	Y10	0.6957	0.3043	1	0.3043	0.6031
S_3	Y1	0.4200	0.5800	1	0.5800	0.0836
	Y2	0.4820	0.5180	1	0.5180	0.2137
	Y3	0.6355	0.3645	1	0.3645	0.5026
	Y4	0.6780	0.3220	1	0.3220	0.5743
	Y5	0.7535	0.2465	1	0.2465	0.6927
	Y6	0.7770	0.2230	1	0.2230	0.7273
	Y7	0.8326	0.1674	1	0.1674	0.8046
	Y8	0.8689	0.1311	1	0.1311	0.8517
	Y9	0.9233	0.0767	1	0.0767	0.9174
	Y10	0.9547	0.0453	1	0.0453	0.9526

县域编号	年份编号	a	b	i	j	HD
S_4	Y1	0.7557	0.2443	1	0.2443	0.6960
	Y2	0.7841	0.2159	1	0.2159	0.7375
	Y3	0.8060	0.1940	1	0.1940	0.7684
	Y4	0.8130	0.1870	1	0.1870	0.7780
	Y5	0.8380	0.1620	1	0.1620	0.8118
	Y6	0.8830	0.1170	1	0.1170	0.8693
	Y7	0.8905	0.1095	1	0.1095	0.8785
	Y8	0.9380	0.0620	1	0.0620	0.9342
	Y9	0.9395	0.0605	1	0.0605	0.9358
	Y10	0.9420	0.0580	1	0.0580	0.9386
S_5	Y1	0.5955	0.4045	1	0.4045	0.4319
	Y2	0.6210	0.3790	1	0.3790	0.4774
	Y3	0.7767	0.2233	1	0.2233	0.7268
	Y4	0.8567	0.1433	1	0.1433	0.8362
	Y5	0.6705	0.3295	1	0.3295	0.5619
	Y6	0.7278	0.2722	1	0.2722	0.6537
	Y7	0.7485	0.2515	1	0.2515	0.6852
	Y8	0.8133	0.1867	1	0.1867	0.7784
	Y9	0.7795	0.2205	1	0.2205	0.7309
	Y10	0.7157	0.2843	1	0.2843	0.6349

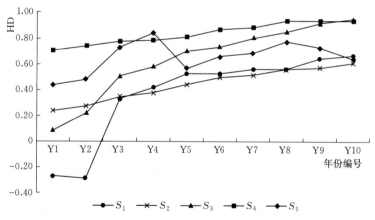

图 10-1　县域用水管理和谐评估计算结果变化曲线

3. 和谐度计算结果及分析

（1）县域 S_1 和谐度变化分析。从表 10-4 和图 10-1 可以看出，县域 S_1 在初期（Y1、Y2）时，处于不和谐甚至敌对状态（HD＜0）；随着水利发展和水资源管理深入，和谐状态有比较大的提高，到 Y9 年份时，HD＝0.6393，但离"基本和谐"状态还有比较大的差距。可以看出，该县基础较差，经过比较大的努力，和谐度变化很快，和谐度 HD 从－0.2758 增加到 0.6648，但水平仍然较低。在现实中，原来该县水资源管理比较混乱，水资源利用效率较低，超额用水严重，超出用水总量控制指标，整体和谐水平极低，后来经历了改革，伴随国家大规模的投入，水资源管理状况有了快速提升，和谐水平有了较大程度的提高。

（2）县域 S_2 和谐度变化分析。从表 10-4 和图 10-1 可以看出，县域 S_2 在早期总体水平较低（HD=0.2339），随后稍有变化，但仍处于较低水平，到 Y10 年才达到"接近不和谐"状态（HD=0.6031）。可以看出，该县域总体处于较低水平，起点低，发展也缓慢，直至时段末也还处于"接近不和谐"状态。现实中，该县域是属于经济状况比较差的地区，水资源管理能力一直处于较差水平，总体发展水平较低，是该区用水管理的薄弱环节。

（3）县域 S_3 和谐度变化分析。从表 10-4 和图 10-1 可以看出，县域 S_3 在早期处于很低水平（HD=0.0836），随着发展和能力建设，到 Y6 达到"较和谐"状态（HD=0.7273），到 Y7 达到了"基本和谐"状态（HD=0.8046），至 Y10 接近"完全和谐"状态（HD=0.9526）。可以看出，该县发展变化较快，从不和谐发展到基本和谐，HD 从0.0836 增加到 0.9526，这是一个总体发展较快、最终发展水平较好的县。在现实中，该县是一个改革最快、水资源能力提升比较迅速的县域，到时段末接近"完全和谐"状态。

（4）县域 S_4 和谐度变化分析。从表 10-4 和图 10-1 可以看出，县域 S_4 从早期到时段末，基本处于"较和谐"或"基本和谐"状态，HD 从 0.6960 增加到 0.9386，其最大的特点是和谐度相对较稳定，变化不明显，反映出该县长期稳定、基础条件及总体发展水平较高的特征。现实中，该县是一个基础条件非常好、建设较早、水资源管理水平一直都处于相对较好的稳定状态。

（5）县域 S_5 和谐度变化分析。从表 10-4 和图 10-1 可以看出，县域 S_5 在整个时段内，处于"较和谐"与"较不和谐"状态之间，HD 处于 0.4319 到 0.8362 之间，波动性大，趋势性不明显，反映出该县发展变化不稳定、总体发展水平较低的特征。现实中，该县处于水问题比较复杂的区域，发展水平一般，水资源管理能力跳跃性大，总体水平受外界因素影响较显著。

（6）5 个县域和谐度变化对比分析。从以上分析可以看出：①按照时间变化，县域 S_1 变化幅度最大，总体处于上升趋势；县域 S_3 变化幅度次之，且一直处于上升趋势；县域 S_4 变化幅度最小，处于相对稳定状态；县域 S_2 也基本处于上升趋势但发展水平较低；波动最剧烈的是县域 S_5。②在初期，只有县域 S_4 处于"基本和谐"状态，其他状况都较差，说明在早期该区域的建设水平还较低；到了时段末，各个县域的状况都有了明显改善，基本都处于"基本和谐"或"较和谐"状态，特别是县域 S_3 和 S_4 接近于"完全和谐"状态。③根据 5 个县域的实际情况对比分析，可以看出本例的计算结果能反映出县域的实际年度变化趋势、不同县域的对比情况以及各个阶段县域建设情况，对查找用水管理存在的问题、指导县域水利建设具有重要意义。

4. 总体和谐度计算

以上是对该区域 5 个县域的用水管理和谐度评估。从县域和谐度评价来说，该工作已经结束。下面，假设对该区域的总体和谐情况进行评估，实际上是对上一层次的和谐度进行评估，可以采用多层次和谐度计算方法[2]。

先确定权重，再采用加权平均的计算公式，计算得到总体和谐度。依据本例，选择各县域用水总量控制值（即表 10-2 中 Z_{1C}）所占比例作为权重值。即用水总量越大，其所占权重越大。据此计算，得到 S_1、S_2、S_3、S_4、S_5 所占权重分别为 0.19、0.16、0.12、0.27、0.26。采用加权平均计算，结果见表 10-5。从计算结果来看：该区域用水管理总体和谐度呈递增趋势，但因为某些县域的水平较差，导致总体情况还不太好，需要下大力气来改善用水管理水平，特别是针对某些县域，以提升该地区总体用水管理和谐水平。

表 10-5　　　　　　　　　用水管理总体和谐度（HD）计算结果一览表

年份编号	县　　域					
	S_1	S_2	S_3	S_4	S_5	总体
Y1	−0.2758	0.2339	0.0836	0.696	0.4319	0.2953
Y2	−0.2940	0.2733	0.2137	0.7375	0.4774	0.3368
Y3	0.3263	0.3462	0.5026	0.7684	0.7268	0.5741
Y4	0.4192	0.3715	0.5743	0.7780	0.8362	0.6355
Y5	0.5241	0.4377	0.6927	0.8118	0.5619	0.6180
Y6	0.5202	0.4936	0.7273	0.8693	0.6537	0.6698
Y7	0.5546	0.5150	0.8046	0.8785	0.6852	0.6997
Y8	0.5531	0.5533	0.8517	0.9342	0.7784	0.7504
Y9	0.6393	0.5694	0.9174	0.9358	0.7309	0.7654
Y10	0.6648	0.6031	0.9526	0.9386	0.6349	0.7556

三、多指标综合评价方法及应用举例

多指标综合评价方法（the method of multi-index comprehensive evaluation）就是通过建立一套评价指标体系、评价标准，按照一定计算方法，得到能综合反映和谐程度的结果，以综合表征该和谐问题的和谐程度。其量化研究一般包括以下 3 个方面的内容：①建立指标体系。需要从众多的指标中选择一些关键指标，建立一套指标体系来表征和谐程度。②确定评价标准。为了对复杂的和谐问题进行综合的分析评价，需要根据该和谐问题的特点，针对建立的指标体系确定反映不同和谐程度的评价标准（或准则）。③选择计算方法。需要采取科学的量化计算方法，根据评价指标，对照评价标准，来综合计算、评价和谐程度。

（一）指标体系

1. 建立指标体系的目的

通过指标体系能有效地反映出和谐参与者的相关关系，帮助人们评价和认识和谐程度，并帮助人们认识到改善哪些指标或者从哪些方面努力能够提高和谐程度。因此，建立指标体系有如下两个方面的功能：一是评价和谐程度，通过客观的指标体系及其实际数据，对和谐程度进行评价；二是有助于寻找和谐调控对策，通过分析各自对和谐程度的影响程度，从而找出影响和谐问题的关键因素，提出有针对性的调控对策。

2. 建立指标体系的原则

由于和谐问题一般比较复杂，指标众多，在选择指标时要坚持以下原则：

（1）科学性和简明性原则。指标体系能够较为客观地反映和谐程度，并且指标含义简单、明了，易于理解并具有可比性。

（2）完备性和代表性相结合。要求指标体系覆盖面广，能综合反映和谐问题的各个方面。选择有代表性指标，同时也要考虑到"面"上指标的合理分布。

（3）定性分析和定量分析相结合，以定量为主。指标体系尽可能选择定量指标，便于客观反映和谐程度，同时对一些难以量化的重要指标制定等级，采用打分调查法进行定量转化。

（4）可获取性和可操作性原则。所选取的指标必须能够通过可靠的统计方法或者较为客观的评判获取到可量化的原始数据。同时指标应紧密结合实际，且较易获得，实践中易于操作和应用。只有满足此要求，建立的指标体系才具有实际应用价值。

3. 量化指标的筛选

量化指标的筛选应考虑以下两个因素：

（1）灵敏性。对初步提出的预选指标进行筛选，删除那些对评价指标序位不敏感或不产生影响的指标。从定性的角度分析，删除那些对被评对象的相对位序不产生影响的鉴别力低的或次要的指标。

（2）独立性。量化指标之间通常存在一定程度的相关关系，从而使指标数据所反映的信息有所重叠。若指标体系中存在着高度相关的指标，就会影响评价结果的客观性。为此，必须对指标进行相关分析，删除具有明显相关性的次要指标。其计算的基本方法是：计算指标间的相关系数，然后根据实际问题确定一个相关系数的临界值，则可删除相关系数大的指标，如果指标的相关系数小于临界值，则两个指标均保留。

（二）评价标准

评价标准就是要确定每个指标达到多少时是和谐的、基本和谐的、不和谐的等，即和谐程度等级的评判标准。例如，本章第二节第二部分介绍的合格值指标 Z_C（$a=0.6$）、较优值指标 Z_B（$a=0.8$）、最优值指标 Z_A（$a=1$）对应的选值，就是相应的标准值。对于定性指标，可以采用描述的办法，对各种可能的和谐等级进行定性描述，便于应用时相互参照。

（三）评价方法

关于多指标综合评价的方法非常多，如模糊综合评价方法、灰色综合评价方法、层次分析方法、物元分析方法等。本节介绍笔者于 2008 年提出的"单指标量化-多指标综合-多准则集成评价方法"[3]（即"SMI - P 方法"）（the evaluation method of single index quantification and multiple index synthesis and poly - criteria integration）。该评价方法分为三大部分：单指标量化、多指标综合计算、多准则集成计算。如果评价指标体系只有"指标层""目标层"，没有"准则层"，这时就少了"多准则集成计算"这一部分，即为"单指标量化-多指标综合评价方法"（即"SI - MI 方法"）[4]。

1. 单指标量化方法

（1）定量指标的量化方法。由于指标体系中包含有定量指标和定性指标，且定量指标的量纲不完全相同，为了便于计算和对比分析，单指标定量描述采用模糊隶属度分析方法。通过模糊隶属函数 $\mu_k(x) = f_k(x)$，把各指标统一映射到 $[0, 1]$ 上，隶属度 $\mu_k \in [0,1]$，此方法具有较大的灵活性和可比性。

本书采用分段线性隶属函数量化方法。在指标体系中，各个指标均有一个和谐度（记作 SHD），取值范围为 $[0, 1]$。为了量化描述单指标的和谐度，做以下假定：各指标均存在 5 个（双向指标为 10 个）代表性数值，即最差值、较差值、及格值、较优值和最优值。取最差值或比最差值更差时该指标的和谐度为 0，取较差值时该指标的和谐度为 0.3，取及格值时该指标的和谐度为 0.6，取较优值时该指标的和谐度为 0.8，取最优值或比最优值更优时该指标的和谐度为 1。

正向指标是指和谐度随着指标值的增加而增加的指标（比如人均水资源量），逆向指标是指和谐度随着指标值的增加而减小的指标（比如万元工业产值用水量）。设 a、b、c、d、e 分别为某指标的最差值、较差值、及格值、较优值、最优值（图 10-2、图 10-3），利用 5 个特征点 $(a,0)$、$(b,0.3)$、$(c,0.6)$、$(d,0.8)$、$(e,1.0)$ 以及上面的假定，可以得到某指标和谐度的变化曲线以及表达式。

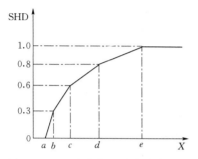
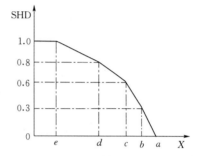

图 10-2　正向指标和谐度变化曲线　　图 10-3　逆向指标和谐度变化曲线

正向指标的和谐度计算公式如下：

$$
\mathrm{SHD}_k = \begin{cases}
0, & x_k \leqslant a_k \\[2mm]
0.3\left(\dfrac{x_k - a_k}{b_k - a_k}\right), & a_k < x_k \leqslant b_k \\[2mm]
0.3 + 0.3\left(\dfrac{x_k - b_k}{c_k - b_k}\right), & b_k < x_k \leqslant c_k \\[2mm]
0.6 + 0.2\left(\dfrac{x_k - c_k}{d_k - c_k}\right), & c_k < x_k \leqslant d_k \\[2mm]
0.8 + 0.2\left(\dfrac{x_k - d_k}{e_k - d_k}\right), & d_k < x_k \leqslant e_k \\[2mm]
1, & e_k < x_k
\end{cases}
\tag{10-1}
$$

逆向指标的和谐度计算公式如下：

$$
\mathrm{SHD}_k = \begin{cases}
1, & x_k \leqslant e_k \\[2mm]
0.8 + 0.2\left(\dfrac{d_k - x_k}{d_k - e_k}\right), & e_k < x_k \leqslant d_k \\[2mm]
0.6 + 0.2\left(\dfrac{c_k - x_k}{c_k - d_k}\right), & d_k < x_k \leqslant c_k \\[2mm]
0.3 + 0.3\left(\dfrac{b_k - x_k}{b_k - c_k}\right), & c_k < x_k \leqslant b_k \\[2mm]
0.3\left(\dfrac{a_k - x_k}{a_k - b_k}\right), & b_k < x_k \leqslant a_k \\[2mm]
0, & a_k < x_k
\end{cases}
\tag{10-2}
$$

　　双向指标是指和谐度随着指标值的增加而增加，当增加到某个值后和谐度又随着指标值增加而减小的指标（比如水资源开发利用率）。设 $a(j)$、$b(i)$、$c(h)$、$d(g)$、$e(f)$ 分别为某双向指标的最差值、较差值、及格值、较优值和最优值（图 10-4），利用特征点 $(a,0)$、$(b,0.3)$、$(c,0.6)$、$(d,0.8)$、$(e,1.0)$、$(f,1.0)$、$(g,0.8)$、$(h,0.6)$、$(i,0.3)$、$(j,0)$ 以及上面的假定，可以得到双向指标和谐度的变化曲线以及表达式。

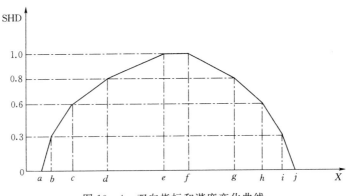

图 10-4　双向指标和谐度变化曲线

双向指标的和谐度计算公式如下：

$$\mathrm{SHD}_k = \begin{cases} 0, x_k \leqslant a_k \\ 0.3\left(\dfrac{x_k - a_k}{b_k - a_k}\right), a_k < x_k \leqslant b_k \\ 0.3 + 0.3\left(\dfrac{x_k - b_k}{c_k - b_k}\right), b_k < x_k \leqslant c_k \\ 0.6 + 0.2\left(\dfrac{x_k - c_k}{d_k - c_k}\right), c_k < x_k \leqslant d_k \\ 0.8 + 0.2\left(\dfrac{x_k - d_k}{e_k - d_k}\right), d_k < x_k \leqslant e_k \\ 1, e_k < x_k \leqslant f_k \\ 0.8 + 0.2\left(\dfrac{g_k - x_k}{g_k - f_k}\right), f_k < x_k \leqslant g_k \\ 0.6 + 0.2\left(\dfrac{h_k - x_k}{h_k - g_k}\right), g_k < x_k \leqslant h_k \\ 0.3 + 0.3\left(\dfrac{i_k - x_k}{i_k - h_k}\right), h_k < x_k \leqslant i_k \\ 0.3\left(\dfrac{j_k - x_k}{j_k - i_k}\right), i_k < x_k \leqslant j_k \\ 0, j_k < x_k \end{cases} \quad (10-3)$$

　　式（10-1）～式（10-3）中，SHD_k 为第 k 个指标的和谐度，$k=1,2,\cdots,n$，n 为选用的指标个数；$a_k(j_k)$、$b_k(i_k)$、$c_k(h_k)$、$d_k(g_k)$、$e_k(f_k)$ 分别为第 k 个指标的最差值（最差值 2）、较差值（较差值 2）、及格值（及格值 2）、较优值（较优值 2）和最优值（最优值 2）。

（2）定性指标的量化方法。对一些定性指标的量化，首先按百分制划分若干个等级，并制定相应的等级划分细则，制定问卷调查表，采用打分调查法获取单指标的和谐度。

第一种办法：邀请对研究问题比较熟悉的多个专家评判打分，分析各专家所打分数，得出其样本分布的合理性后，求平均值再转换（除以100）成该指标的和谐度（取值范围$[0,1]$）。

第二种办法：如果条件允许，制定问卷后，将问卷发放给熟悉的专家、管理者或决策者、广大群众进行广泛的调查。采取求平均数或加权平均、中位数法、众数法等方法，得到一个代表值，再转换成该指标的和谐度（取值范围$[0,1]$）。

2. 多指标综合计算方法

反映和谐问题的指标一般有多个，可以采取多种方法综合考虑这些指标，以定量描述它们的状态。

（1）模糊综合评价方法。该方法是基于模糊数学思想，从众多单一评价中获得对某个或某类对象的整体评价。设评价因子集合为$U = \{u_1 \quad u_2 \quad u_3 \quad \cdots \quad u_k \quad \cdots \quad u_n\}$，评价等级集合为$V = \{v_1 \quad v_2 \quad v_3 \quad \cdots \quad v_j \quad \cdots \quad v_m\}$。计算各评价因子的隶属度，建立单因素评判矩阵$R$，确定各因素的权重（权重向量为$A$），计算评价结果为

$$Y = A \circ R = \{y_1 \quad y_2 \quad \cdots \quad y_{m-1} \quad y_m\} \tag{10-4}$$

式中："$\circ$"为模糊数学运算符；Y为综合评判结果，它是评价等级集合V上的一个模糊子集。根据评判结果，取$y = \mathrm{Max}(y_j)$，其对应的综合评价等级为v_j。

（2）多指标加权计算方法。该方法根据单一指标隶属度按照权重加权计算，即

$$\mathrm{HD} = \sum_{k=1}^{n} w_k \mu_k \in [0,1] \tag{10-5}$$

式中：μ_k为第k个指标的和谐度SHD_k；w_k为权重，$\sum_{k=1}^{n} w_k = 1$。

也可根据单一指标隶属度按照指数权重加权计算，即

$$\mathrm{HD} = \prod_{k=1}^{n} \mu_k^{\beta_k} \in [0,1] \tag{10-6}$$

式中：β_k为权重，$\sum_{k=1}^{n} \beta_k = 1$。

通过以上计算，得到的综合各个指标的和谐度值HD仍然在区间$[0,1]$中，表达了该和谐问题的最终状态水平。

3. 多准则集成计算方法

如果指标体系设有"准则层"，分为不同"准则"的指标，即指标体系包括"目标层-准则层-指标层"，这时候需要先根据多个指标综合计算不同准则下的和谐度，再根据不同准则的和谐度加权计算得到最终的和谐度HD值。

不同准则下的和谐度（设为HD_t，$t=1$，2，$\cdots$，T，T为"准则"个数）计算，可以采用式（10-5）、式（10-6），多准则集成计算可以采用加权平均或指数权重加权的方法计算，即

$$\mathrm{HD} = \sum_{t=1}^{T} \omega_t \mathrm{HD}_t \tag{10-7}$$

$$HD = \prod_{t=1}^{T} (HD_t)^{\beta_t} \tag{10-8}$$

式中：ω_t、β_t 均为 t 准则的权重，$\sum_{t=1}^{T}\omega_t=1$，$\sum_{t=1}^{T}\beta_t=1$，其他符号含义同前。

比如，笔者在文献 [1] 中针对人水和谐评价采用的计算方法，把人水和谐度分成"健康度、发展度、协调度" 3 个准则"子和谐度"。根据 3 个准则"子和谐度"集成到总和谐度，公式如下：

$$HD = HED^{\lambda_1} \cdot DED^{\lambda_2} \cdot HAD^{\lambda_3}$$

式中：HD 为人水和谐度；HED、DED、HAD 分别为健康度、发展度、协调度；λ_1、λ_2、λ_3 分别是 HED、DED、HAD 的指数权重。

（四）应用举例

这里以"某流域发展状况的和谐评估"为例来说明。以下内容节选自文献 [3]，并做了一些修改。

1. 流域概况

该流域降雨稀少，蒸发强烈，水资源十分紧缺。由于缺水，流域极端干旱，风沙天气频繁，生态环境脆弱。近几十年来，由于自然及人为因素的共同作用，水资源供需矛盾日渐突出，中下游河道断流，生态环境持续恶化，对该区可持续发展构成了极大威胁。

河流干流划分为上游、中游、下游 3 个分区，再加上 4 个源流分区，本次研究范围共为 7 个分区，分别为 AK 源流区、YE 源流区、HT 源流区、KK 源流区、干流上游区、干流中游区、干流下游区。

2. 流域发展状况分析

流域发展状况反映了高效利用享有的资源、支持社会发展的规模，以及经济发展的程度。通过对现状年该流域部分指标数据的分析，可以初步看出：①流域内作物灌溉用水定额都普遍偏高，远高于全国平均水平，说明农业生产水平较低；②流域内渠系水利用系数都比较低，说明该区域农业科技水平较低、农业投入也较一般；③4 个源流区城镇用水定额比农村生活用水定额高出很多，干流区居民生活用水定额普遍较低，说明源流区用水浪费依然较严重；④万元工业产值用水普遍偏高，说明工业发展比较落后；⑤人均 GDP 地区差异较大，说明地区经济发展水平差异较大。总体来说，该流域的发展水平亟待提高。

3. 评估指标体系及标准

根据该流域的特点，选定 10 个发展指标，构建了该流域发展状况和谐评估量化指标体系，以此来对流域 7 个分区的和谐程度进行定量评价。各指标的特征节点值（即标准值）见表 10-6。该流域各分区的具体数据见表 10-7。

表 10-6　　　　　　　　　和谐评估量化指标及特征节点值表

编号	指　标　层	单位	最差值	较差值	及格值	较优值	最优值	指标方向
1	区域人口密度	万人/km²	100	60	20	10	1	逆向
2	恩格尔系数	％	60	50	40	30	20	逆向
3	人均 GDP	元	100	1000	3000	10000	20000	正向

续表

编号	指标层	单位	最差值	较差值	及格值	较优值	最优值	指标方向
4	万元工业产值用水量	m³	400	250	100	40	10	逆向
5	灌溉用水定额	m³/亩	2000	1000	600	400	200	逆向
6	渠系水利用系数		0	0.4	0.7	0.9	1	正向
7	节水灌溉面积比例	%	0	40	60	90	100	正向
8	人均粮食产量	kg/人	0	200	370	450	550	正向
9	人均耕地面积	亩/人	0.1	0.5	4	6	10	正向
10	人均生活用水量	m³/(年·人)	0	60	90	120	150	双向
			300	250	220	200	180	

表 10-7　　　　该流域分区各指标数据表

编号	指标层	单位	AK源流区	YE源流区	HT源流区	KK源流区	干流上游区	干流中游区	干流下游区
1	区域人口密度	万人/km²	26.17	23.26	20.47	15.53	5.11	5.11	5.11
2	恩格尔系数	%	36.4	36.4	36.4	36.4	41.8	41.8	41.8
3	人均GDP	元	7128	3598	1943	5406	5851	5857	5140
4	万元工业产值用水量	m³	209	200	150	150	363	363	363
5	灌溉用水定额	m³/亩	902	887	1121	778	1513	1531	1531
6	渠系水利用系数		0.442	0.426	0.403	0.455	0.313	0.313	0.313
7	节水灌溉面积比例	%	74.2	51.2	49.5	66.8	100	100	100
8	人均粮食产量	kg/人	859	512	467	482	298	298	1329
9	人均耕地面积	亩/人	6.2	1.4	2.7	3.0	8.1	8.1	8.1
10	人均生活用水量	m³/(年·人)	84	88	99	79	76	76	76

4. 和谐评估计算及结果分析

根据上面介绍的单指标的量化方法 [式（10-1）～式（10-3）]，计算出各指标的和谐度，见表 10-8。

表 10-8　　　　各指标的和谐度计算结果表

编号	指标层	AK源流区	YE源流区	HT源流区	KK源流区	干流上游区	干流中游区	干流下游区
1	区域人口密度	0.5537	0.5756	0.5965	0.6894	0.9087	0.9087	0.9087
2	恩格尔系数	0.6720	0.6720	0.6720	0.6720	0.5460	0.5460	0.5460
3	人均GDP	0.7179	0.6171	0.4414	0.6687	0.6815	0.6816	0.6611
4	万元工业产值用水量	0.3820	0.4000	0.5000	0.5000	0.0740	0.0740	0.0740
5	灌溉用水定额	0.3735	0.3848	0.2637	0.4665	0.1461	0.1407	0.1407
6	渠系水利用系数	0.3420	0.3260	0.3030	0.3550	0.2348	0.2348	0.2348
7	节水灌溉面积比例	0.6947	0.4680	0.4425	0.6453	1.0000	1.0000	1.0000

续表

编号	指 标 层	AK 源流区	YE 源流区	HT 源流区	KK 源流区	干流 上游区	干流 中游区	干流 下游区
8	人均粮食产量	1.0000	0.9240	0.8340	0.8640	0.4729	0.4729	1.0000
9	人均耕地面积	0.8075	0.3771	0.4886	0.5143	0.9050	0.9050	0.9050
10	人均生活用水量	0.5400	0.5800	0.6600	0.4900	0.4600	0.4600	0.4600

采用层次分析法对10个指标构造判断矩阵，按照平均值构建10个指标的基础权重。再根据基础权重、和谐度值大小，利用变权法确定最终权重，计算结果见表10-9。

表 10-9　　　　　　　　　　　　各 指 标 的 最 终 权 重

编号	指标层	AK 源流区	YE 源流区	HT 源流区	KK 源流区	干流 上游区	干流 中游区	干流 下游区
1	区域人口密度	0.1016	0.0902	0.0859	0.0853	0.0525	0.0524	0.0545
2	恩格尔系数	0.0872	0.0797	0.0780	0.0871	0.0808	0.0806	0.0840
3	人均GDP	0.0825	0.0855	0.1069	0.0875	0.0678	0.0676	0.0723
4	万元工业产值用水量	0.1314	0.1167	0.0980	0.1095	0.2127	0.2122	0.2210
5	灌溉用水定额	0.1333	0.1196	0.1458	0.1150	0.1685	0.1706	0.1777
6	渠系水利用系数	0.1406	0.1324	0.1351	0.1373	0.1361	0.1358	0.1415
7	节水灌溉面积比例	0.0848	0.1050	0.1068	0.0901	0.0478	0.0476	0.0497
8	人均粮食产量	0.0607	0.0600	0.0646	0.0698	0.0897	0.0895	0.0496
9	人均耕地面积	0.0744	0.1212	0.0997	0.1073	0.0527	0.0525	0.0547
10	人均生活用水量	0.1035	0.0897	0.0792	0.1111	0.0914	0.0912	0.0950

按照指数权重加权计算公式（10-6），计算得到该流域各区发展状况的和谐度，见表10-10。

表 10-10　　　　　　　　　　　流域和谐评估计算结果

项目	AK 源流区	YE 源流区	HT 源流区	KK 源流区	干流上游区	干流中游区	干流下游区
和谐度	0.5577	0.4964	0.4814	0.5611	0.3902	0.3887	0.4102
和谐等级	接近不和谐	接近不和谐	接近不和谐	接近不和谐	较不和谐	较不和谐	接近不和谐

由表10-10可以看出，KK源流区、AK源流区的和谐度相对较高，其次是YE源流区、HT源流区，干流区只有0.4左右，普遍较差。从各指标来看：①人口、土地、水资源不匹配，源流区人口较多，水资源相对丰富，但土地资源相对匮乏；中下游虽然人均耕地面积比较多，但水资源匮乏，造成水土资源不相匹配，严重制约了该流域干流区域经济社会的发展。②各区经济发展不平衡，AK源流区人均GDP为7128元，明显高于其他地区；HT源流区经济发展比较落后，人均GDP只有1943元，恶劣的自然条件成为经济发展的制约因素。③水资源利用效率比较低，各区渠系利用系数最高的KK源流区只有0.455，灌溉用水定额、万元工业产值用水量在干流区的和谐度非常低，亟待提高。④干

流区受水资源短缺限制，为缓解无水可用的局面，采取了多种节水措施，其节水灌溉面积比例明显好于源流区。

参 考 文 献

［1］　左其亭，张云，林平．人水和谐评价指标及量化方法研究［J］．水利学报，2008，39（4）：440-447.
［2］　左其亭．和谐论：理论·方法·应用［M］．2版．北京：科学出版社，2016.
［3］　左其亭，张云．人水和谐量化研究方法及应用［M］．北京：中国水利水电出版社，2009.
［4］　左其亭，王丽．资源节约型社会的评价方法及应用［J］．资源科学，2008，30（3）：409-414.

第十一章 人水和谐调控

在进行和谐评估之后，如果发现和谐水平较差，应该如何做来提升和谐水平呢？可以根据和谐评估结果，采取一些必要措施来改善和谐状况，这就是和谐调控，对科学调控人水关系具有重要意义。本章以人水和谐调控为对象，引自文献［1］内容，介绍和谐调控的概念，阐述和谐调控方法及其在人水系统中的应用。和谐调控方法是和谐论量化研究的一个重要技术方法。

第一节 人水和谐调控的概念

一、人水和谐调控问题的提出

在现实的人水系统中，由于各种因素的影响，经常会出现不和谐状况。通过上一章介绍的和谐评估方法，可以评估和谐问题的水平或状态。特别是现代人水关系条件下，由于人类活动加剧特别是人类自我控制有限，对自然界的肆意改造，带来不和谐的人水关系，需要进行科学调控以实现人水和谐发展，这对人类发展、水系统健康循环、水资源可持续利用都是非常重要的。

比如，针对一个流域的人水和谐调控，要对这个流域的人水和谐水平进行评估，定量判断是和谐还是不和谐以及和谐状况，如果出现不和谐状况，人们再去调控使其不断走向和谐状态，最终实现人水和谐目标。因此，和谐调控是正确贯彻人水和谐思想、确保走人水和谐之路的重要方法论。

现实中，如果出现不和谐状态，人们总希望在可能的情况下科学调控其和谐水平，最终实现和谐目标。也就是在此背景下，基于对人水和谐问题的理解，提出了和谐调控的概念。

二、和谐调控的概念

和谐调控（harmony regulation）就是在和谐评估的基础上，针对存在的和谐问题采取一些调控措施以提高和谐程度，使得和谐问题能够朝着更加和谐的方向发展。和谐调控的主要内容就是以和谐问题为研究对象，以提高和谐度为主要目标，通过和谐调控方法（比如，和谐调控模型），得到实现和谐目标的和谐行为。其中，针对人水关系开展的和谐调控就称为人水和谐调控。

通过和谐调控，可以在一定程度上提高研究问题的和谐度，使和谐问题达到最佳和谐状态。例如，人水和谐调控能充分协调好水资源开发利用过程中方方面面的关系（包括人文系统与水系统的关系、用水部门间的关系以及其他和谐参与者之间的关系等），提高水资源开发利用效率，对防止水资源短缺、水环境污染等问题的出现有一定的指导作用，最终达到优化人水关系、促进人水和谐的目标。

三、和谐调控问题举例：跨流域调水和谐调控

水资源在空间分布上具有较大的不均匀性，也就是说，有些地区或流域的水资源丰富，有些地区或流域的水资源十分短缺。随着全球经济快速发展，区域发展格局与资源分布不匹配现象日趋加剧。

在很多地区或流域，水资源空间不均衡问题逐渐成为区域发展的重要制约因素：①水资源自然分布两极分化严重，有的地区水太多，有的地区水太少，时空差异明显，对地区发展布局造成极大限制；②区域发展核心聚集（人口、产业等），用水矛盾加剧，用水和排水集中化，造成取调配水愈发困难，环境问题也集中呈现；③空间上水资源、人口、经济等不均衡趋势加剧，地区之间矛盾升级，不利于国家发展的长治久安。

针对此类水问题，我国政府给予高度重视，提出了"节水优先，空间均衡，系统治理，两手发力"的治水思路，成为解决当前水资源难题、支撑区域发展的指导性原则。其中，"空间均衡"就是调控水资源空间不均衡带来的用水问题。

比如，实施跨流域调水（如南水北调工程）就是把水资源丰富的流域中的水资源调到水资源短缺的流域，在不影响调出区水资源安全的情况下，实现调入区水资源有效利用和用水安全。因为跨流域调水涉及对调出区、输水区、调入区的影响，调水工程较大投资以及众多因素，需要进行详细而科学的规划论证，其中一个重要内容，就是需要回答：在实施调水工程之前和之后，分区（或分流域）和谐水平以及总体和谐水平改善了多少？是否达到要求？什么布局方案才能满足调水目标的要求？如何调控才是最佳空间均衡管控方案？比如，需要规划调水工程规模及调水线路，分配水资源量及用水过程，协调不同区域用水量和用水过程分配，协调生产、生活、生态用水，协调水资源分配空间分布与经济社会发展格局之间的关系。这些都需要在和谐论思想指导下，研究该任务的和谐调控问题，提出和谐调控定量化的方案，为跨流域调水规划、设计、运行管理等提供决策支持。

第二节　人水和谐调控方法及应用

一、和谐调控方法概述

和谐调控有简单和复杂两种不同的思路。简单思路就是按照和谐度大小进行直接选择，也就是根据和谐度大小先选择和谐行为集，再根据对和谐问题的全部要求筛选确定最终的和谐行为集，据此确定满足要求的调控措施，即和谐行为集优选方法。复杂思路就是通过建立和谐调控模型，得到最优和谐方案，以此作为满足要求的调控措施，即基于和谐度方程的优化模型方法。

二、和谐行为集优选方法及应用举例

（一）方法介绍

和谐行为集优选方法（the optimal selection method of harmony actions set），就是按

照某一目标，把满足这一目标的所有和谐行为放在一起，组成和谐行为集（harmony actions set），再从和谐行为集中优选需要的和谐行为（或方案）。如图 11-1 所示，和谐行为集为

$$\{方案\,k，\cdots，方案\,m，\cdots，方案\,p\}\,（且\,HD\geqslant u）\tag{11-1}$$

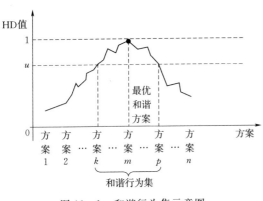

图 11-1　和谐行为集示意图

如果所选择的和谐行为，其和谐度是和谐行为集中和谐度的最大值，此谐行为称为最优和谐行为（the optimal harmony actions）。假如方案 m 为最优和谐行为，则

$$HD_m = \max\,\{HD_k\}\,（k=1，2，\cdots，n）\tag{11-2}$$

如果最大值难以寻找到，可以选定相对最优的方案，此和谐行为称为近似最优和谐行为（the quasi optimal harmony actions）。

因此，该方法的关键步骤是：要组合很多个方案（或和谐行为），再按照和谐度计算方法，计算各个方案对应的和谐度；按照和谐度目标值大小来组合符合和谐度目标值的所有和谐行为集，在这些和谐行为集中选择最优和谐行为或近似最优和谐行为。

这种方法用于和谐调控有两方面的作用。

1）确定和谐度最大或近似最大时的和谐行为，即和谐行为的优化（the optimization of harmony actions）。通过对多个方案和谐度 HD 进行计算，可以找到和谐度最大或近似最大时的各组方案，即最优或近似最优和谐行为，有助于方案的优化选择，为寻找最和谐方案提供方法论。例如，在人水关系研究中，通过各种分水方案的计算，得到一组和谐度最大的分水方案，作为水资源分配的依据。

2）通过变化各种可能方案，选择最有利情况下的和谐规则，即和谐规则的优化（the optimization of harmony regulation）。有时候和谐规则是一个重要的可变关系，对整个和谐问题的分析和处理有重要影响。在这种情况下，需要寻找一个比较合理的和谐规则。针对这一问题，可以变化各种和谐规则，计算相应的和谐度，然后对和谐度进行比较，选择最有利的和谐规则。例如，在跨界河流分水中，分水规则是一个十分敏感的指标，解决如何分水使总效益最大的问题，就可以采取这种方法，寻找最有利的分水规则。

（二）应用举例

这里以"分区水资源分配问题"为例来说明。已知研究区共分 3 个分区，分别编号为 1 分区、2 分区、3 分区；可利用水资源量为 7.64 亿 m^3，原达成的分水比例为 4∶4∶2；目前总人口数量为 358 万人，其中 3 个分区分别为 149 万人、134 万人、75 万人；3 个分区平均每立方米水带来的总产值分别为 96 元/m^3、112 元/m^3、105 元/m^3。

针对这个和谐问题，假定考虑两个和谐因素：一是分水和谐因素，就是考虑水资源分配的要求，其和谐规则是以分水比例为依据的；二是效益和谐因素，就是考虑水资源带来的效益要求，其和谐规则是以人均产值相等为依据的。关于第一个和谐因素（即分水问

题）的统一度计算，已在本书第七章第二节第二部分介绍过，按照分水比例，先计算满足和谐规则的和谐行为 G_1、G_2、G_3，然后按照和谐行为之和除以实际分水量之和，计算得到统一度 a。针对第二个和谐因素（即效益和谐因素）的统一度计算，假定 3 个分区的人均产值完全相等时，其统一度 $a=1$；假如不相等时，分别为 x_1、x_2、x_3，可以用每个值与最大值的比值按等权指数权重加权计算得到，针对本例，其统一度 a 计算公式如下：

$$a = \sqrt[3]{\frac{x_1 x_2 x_3}{[\max(x_1, x_2, x_3)]^3}} \tag{11-3}$$

第一个和谐因素，要求"分水总量小于可利用水资源量"，也就是当满足这一目标要求时和谐系数 $i=1$，当不满足要求时 $i=0$。并且，不考虑不和谐系数影响，即 $j=0$。

第二个和谐因素，没有具体的和谐目标要求，和谐系数 $i=1$，不和谐系数 $j=0$。

再采用等权指数权重加权计算方法，考虑两个和谐因素的多因素和谐度计算方法。

1. 和谐行为的优化

寻求最优和谐行为，即和谐度最大的水资源分配方案。

表 11-1 列出了 38 个方案的计算结果，每个方案有 3 个分区的分水量数据（即该问题的和谐行为）。按照第一个和谐因素（分水和谐因素）、第二个和谐因素（效益和谐因素）的和谐度计算公式，得到每个方案的单因素和谐度，再根据等权指数权重加权计算得到最终的多因素和谐度。

表 11-1　　　　　　　　　　　　　　分方案计算的和谐度一览表

方案编号	1 分区分水量 /亿 m³	2 分区分水量 /亿 m³	3 分区分水量 /亿 m³	第一个和谐因素的和谐度	第二个和谐因素的和谐度	多因素和谐度
1	3.06	3.06	1.52	0.9948	0.8624	0.9262
2	3.50	2.50	1.64	0.8181	0.9633	0.8877
3	3.40	2.50	1.74	0.8181	0.9171	0.8662
4	3.30	2.50	1.84	0.8181	0.8748	0.8460
5	3.20	2.50	1.94	0.8181	0.8359	0.8269
6	3.10	2.50	2.04	0.8181	0.7998	0.8089
7	3.00	2.50	2.14	0.8181	0.7663	0.7918
8	3.50	2.60	1.54	0.8508	0.9731	0.9099
9	3.40	2.60	1.64	0.8508	0.9666	0.9068
10	3.30	2.60	1.74	0.8508	0.9200	0.8847
11	3.20	2.60	1.84	0.8508	0.8773	0.8639
12	3.10	2.60	1.94	0.8508	0.8380	0.8443
13	3.00	2.60	2.04	0.8508	0.8015	0.8258
14	3.50	2.70	1.44	0.8835	0.9629	0.9223
15	3.40	2.70	1.54	0.8835	0.9752	0.9282
16	3.30	2.70	1.64	0.8835	0.9691	0.9253
17	3.20	2.70	1.74	0.8835	0.9221	0.9026
18	3.10	2.70	1.84	0.8835	0.8790	0.8813

方案编号	1分区分水量/亿 m³	2分区分水量/亿 m³	3分区分水量/亿 m³	第一个和谐因素的和谐度	第二个和谐因素的和谐度	多因素和谐度
19	3.00	2.70	1.94	0.8835	0.8393	0.8611
20	3.39	2.70	1.55	0.8835	0.9763	0.9288
21	3.38	2.70	1.56	0.8835	0.9775	0.9293
22	3.37	2.70	1.57	0.8835	0.9786	0.9298
23	3.36	2.70	1.58	0.8835	0.9797	0.9304
24	3.35	2.70	1.59	0.8835	0.9808	0.9309
25	3.34	2.70	1.60	0.8835	0.9818	0.9314
26	3.33	2.70	1.61	0.8835	0.9829	0.9319
27	3.32	2.70	1.62	0.8835	0.9790	0.9301
28	3.31	2.70	1.63	0.8835	0.9741	0.9277
29	3.35	2.69	1.60	0.8802	0.9853	0.9313
30	3.34	2.69	1.61	0.8802	0.9839	0.9306
31	3.33	2.69	1.62	0.8802	0.9788	0.9282
32	3.32	2.69	1.63	0.8802	0.9738	0.9259
33	3.31	2.69	1.64	0.8802	0.9689	0.9235
34	3.35	2.71	1.58	0.8868	0.9763	0.9305
35	3.34	2.71	1.59	0.8868	0.9774	0.9310
36	3.33	2.71	1.60	0.8868	0.9784	0.9315
37	3.32	2.71	1.61	0.8868	0.9795	0.9320
38	3.31	2.71	1.62	0.8868	0.9793	0.9319

表 11-1 所列的 38 个方案，基本反映了寻找最优和谐行为的过程。首先，按照约定的分水比例，计算多因素和谐度（如方案 1）；其次，判断 3 个分区的分水量变化的方向，使多因素和谐度增大，寻找最优方案的大致范围（按照分水量步长 0.1 计算），如方案 2～方案 19，搜寻到方案 15 和谐度最大（指按 0.1 步长方案中的最大值），这时，3 个分区的分水量分别为 3.40 亿 m³、2.70 亿 m³、1.54 亿 m³；最后，分别在方案 15 的分水量前后变化（步长缩小到 0.01），经计算对比，得到最优和谐行为为方案 37，即 3 个分区的分水量分别为 3.32 亿 m³、2.71 亿 m³、1.61 亿 m³，和谐度为 0.9320，属于"基本和谐"，接近完全和谐状态。

2. 和谐规则的优化

变化分水比例，寻求最合适的分水规则。

跨界河流分水或区域水量分配一直是水利工程实践中非常重要也非常棘手的问题，因为水资源的有限性和稀缺性，每个地区都希望获得更多的水量，因此，常常出现争水矛盾。如何合理分配水量，也是学术界一直讨论的难点问题。

　　针对本例，变化分水比例，就是变化和谐规则。计算和谐度的方法、过程与上相同，但最根本的区别在于和谐规则的变化。表 11-1 计算的和谐规则是原来达成的分水比例4：4：2，以下计算的和谐规则是变化后的分水比例。

　　表 11-2 是变化和谐规则（分水比例）情况下计算得到的最优和谐行为及和谐度。每变化一次和谐规则（分水比例），就采用类似上述（表 11-1）的方法步骤，得到相应的最优和谐行为及和谐度。例如，表 11-2 中编号 1 的情况，和谐规则（分水比例）为 3.36：2.68：1.60，计算得到的 3 个分区的分水量分别为 3.35 亿 m^3、2.69 亿 m^3、1.60 亿 m^3。分水比例按照 0.01 步长进行计算，表 11-2 只列举了部分计算结果。其中编号 4 是和谐度最大的一组结果，即得到的最优和谐规则为 3.35：2.69：1.60，最大和谐度为 0.9889，比上述（表 11-1）计算的最大和谐度（0.9320）明显要大，说明通过和谐规则的优化，确实提高了总体水平。

表 11-2　　　　和谐规则（分水比例）变化情况下的最优和谐行为及和谐度

编号	分水比例（和谐规则）			最优和谐行为（分水量：亿 m^3）			多因素和谐度
	1分区	2分区	3分区	1分区	2分区	3分区	
1	3.36	2.68	1.60	3.35	2.69	1.60	0.9874
2	3.36	2.69	1.60	3.35	2.69	1.60	0.9881
3	3.35	2.68	1.60	3.35	2.69	1.60	0.9883
4	3.35	2.69	1.60	3.35	2.69	1.60	0.9889
5	3.34	2.69	1.61	3.34	2.69	1.61	0.9879
6	3.33	2.69	1.62	3.34	2.69	1.61	0.9848
7	3.32	2.69	1.63	3.34	2.69	1.61	0.9818
8	3.31	2.69	1.64	3.34	2.69	1.61	0.9788
9	3.30	2.69	1.65	3.34	2.69	1.61	0.9758
10	3.36	2.70	1.58	3.36	2.69	1.59	0.9871
11	3.35	2.70	1.59	3.35	2.69	1.60	0.9871
12	3.34	2.70	1.60	3.35	2.69	1.60	0.9871
13	3.33	2.70	1.61	3.33	2.70	1.61	0.9871
14	3.34	2.71	1.59	3.33	2.70	1.61	0.9853
15	3.33	2.71	1.60	3.33	2.70	1.61	0.9853

三、基于和谐度方程的优化模型方法及应用举例

（一）方法介绍

　　优化模型是运筹学、系统科学中常见的一类计算方法，在国民经济实践中广泛应用。一般优化模型由目标函数和约束条件组成，一般形式如下：

$$\begin{cases} Z = \max[F(X)] \\ G(X) \leqslant 0 \\ X \geqslant 0 \end{cases} \tag{11-4}$$

式中：X 为决策向量；$F(X)$ 为目标函数；$G(X)$ 为约束条件集。

式（11-4）列出的目标函数值 Z 是对目标函数 $F(X)$ 求最大值。如果是求最小值，可以通过两边取负数转化为求最大值。式（11-4）列出的 $G(X)$ 是小于等于 0，如果约束条件中有大于等于 0 的情况，可以通过两边取负数转化为小于等于 0 的情况。

基于和谐度方程的优化模型（the optimization model based on harmony degree equation），主要有以下 3 种情况。

（1）和谐度方程作为目标函数建立的优化模型。这一模型主要用于寻找和谐度最大时的最优和谐行为（优化方案）。把和谐度方程 $\mathrm{HD}(X)$ 作为目标函数，一般形式如下：

$$\begin{cases} Z = \max[\mathrm{HD}(X)] \\ G(X) \leqslant 0 \\ X \geqslant 0 \end{cases} \tag{11-5}$$

（2）和谐度方程作为一个约束条件建立的优化模型。这一模型主要用于寻找和谐度不小于某一极限值的最优方案。一般要求和谐度大于等于某一个极限值（设为 u_0），作为优化模型的一个约束，一般形式如下：

$$\begin{cases} Z = \max[F(X)] \\ G(X) \leqslant 0 \\ \mathrm{HD}(X) \geqslant u_0 \\ X \geqslant 0 \end{cases} \tag{11-6}$$

（3）和谐准则的优化。把和谐规则相关的参数作为变量来考虑建立的优化模型。设和谐规则变量为 Y，一般形式如下：

$$\begin{cases} Z = \max[F(X,Y)] \\ G(X,Y) \leqslant 0 \\ X,Y \geqslant 0 \end{cases} \tag{11-7}$$

（二）应用举例

这里以"水污染负荷分配问题"为例来说明。如果向水体排放的污染物总量超过水体可接纳的污染物量时，就必须对排放的污染物量进行一定程度的削减，使其满足水体可接纳污染物量的要求。不同地区的污染物削减量等于实际排放污染物量减去水污染负荷（即该地区允许向水体排放的污染物总量）。因此，水污染负荷分配是控制污染物排放总量的核心内容。

针对不同地区，如果要求削减的污染物量越大，其投入会越大，就会损失越多的直接经济利益，所以，水污染负荷分配问题直接关系到各个地区的利益，一直是一个难点问题，很难协调每个地区的利益和要求。

针对不同地区，如何核定其水污染负荷？这就是水污染负荷分配问题。由于利益、技术条件等因素的影响，其中必然存在对立、分歧的现象，所以方案的制订与实施存在一定的难度，无法满足每个利益相关者的要求。和谐论可以较好地解决分歧问题，为水污染负荷分配提供新的解决方法[2]。

1. 研究区概况

本节以某城市湖泊 COD_{Mn} 水污染负荷分配为例。由于经济利益的驱动，人类的生产活动不断侵占该湖泊流域，导致水面面积不断减少，水环境受到严重威胁，至现状年 Y_0，水质呈现不断恶化的趋势。根据污染物的产生来源，可将该湖泊流域的污染来源分为点源、面源、内源和外源。其中点源包括生活污水和工业废水，面源包括农田径流、畜禽养殖及城镇径流产生的污染，内源包括渔业养殖及底泥释放产生的污染，外源为连接该湖泊流域的河流在汛期产生的污染。在该湖泊流域水环境管理中，仅通过控制点源污染已不能满足水功能目标的要求，必须对面源、内源和外源都进行控制。而面源、内源和外源控制措施的资金投入及治理效果影响着三者间的污染负荷量分配。如何使各污染源的负荷分配结果整体达到和谐状态是需要认真研究的。此外，该湖泊流域的水环境管理还涉及 3 个行政区之间的整体协调，而每个行政区都希望获得更多的污染物允许入湖量，以保障区域的经济发展，因此，各行政区对水污染负荷分配的最终方案均有一定的争议，阻碍了湖泊流域的水环境治理。

2. 水污染负荷分配的和谐论解读

水污染负荷分配问题是一个和谐问题，可以用和谐论五要素来描述。

（1）和谐参与者：可以是污染源、流域的行政控制单元、各排污企业，也可以是各污水排放口。比如，如果研究流域污染源的负荷削减问题，可以把点源污染、流域范围内的面源污染等作为和谐参与者；如果研究流域内各行政分区污染负荷削减问题，可以把不同行政分区作为和谐参与者。本节仅以污染源（点源、面源、内源和外源）作为和谐参与者，分析该湖泊流域 COD_{Mn} 污染物总量控制的和谐问题。

（2）和谐目标：为防止水体进一步恶化，严格控制进入水体的污染负荷。当进入水体的污染负荷总量大于水体可以承纳的最大污染物数量时，水质将恶化；而当进入水体的污染负荷总量小于水体可以承纳的最大污染物数量时，可以保持目前的水质状况，甚至可以改善水质。也就是说，可以将"污染负荷总量小于水体可承纳的最大污染物数量"作为目标。当然，也可以以"水体水质达到水功能区目标要求"为（间接）目标。本例选择的和谐目标是：污染物入湖总量不超过纳污能力，水质可以满足水体功能目标（Ⅲ类水❶）；当污染物入湖总量大于 1.4 倍的纳污能力时，水体将无法承纳污染物的入湖总量，导致水质恶化。

（3）和谐规则：各参与者获得的污染物控制量之和必须小于或等于水体可承纳的最大污染物数量；各种污染物的削减目标必须小于对应污染物进入水体的污染负荷量，且应控制在污染物削减措施的技术上限范围内；可以结合污染物总量分配中的公平、效益原则，或者以人口、工业增加值与污染物排放量之间的关系来分配污染负荷，确定不同和谐参与者的污染物削减量。本例确定的和谐规则是内源和外源按各自的贡献率控制污染负荷量，点源和面源根据最小边际成本投入控制污染负荷量。

（4）和谐因素：不仅要使水质满足水功能目标，也要考虑污染物削减技术的可行性、经济的投入等因素。另外，从水污染指标来看，主要有化学需氧量（COD）、氨氮（NH_3-N）、总氮（TN）等，如果考虑的因素不是单一的，该和谐问题则为多因素和谐问题。

（5）和谐行为：参与者所获得的具体的水污染负荷分配量。

---

❶　即《地表水环境质量标准》（GB 3838—2002）规定的Ⅲ类水。

3. 计算模型

经济投入和技术可行是水污染物总量控制方案可行性的重要影响因素，在制订方案过程中需考虑这两个因素的影响。该模型以和谐度最大为目标函数，以水污染物总量控制为总目标，以治理措施的技术及经济投入等为约束条件，建立单目标模型。

目标函数：
$$\max(\mathrm{HD}) = \max(ai - bj) = \max\left[\frac{\sum_{k=1}^{n} G_k}{\sum_{k=1}^{n} A_k} \times i - \left(1 - \frac{\sum_{k=1}^{n} G_k}{\sum_{k=1}^{n} A_k}\right) \times j\right]$$

约束条件：

$$\sum_{k=1}^{n} G_k \leqslant TG$$

$$G_k = f(A_k)$$

$$0 \leqslant A_k - G_k \leqslant TL \ (A_k > G_k, \ k = 1, 2, \cdots, n)$$

$$0 \leqslant C_1(A_1 - G_1) + \cdots + C_k(A_k - G_k) + \cdots + C_n(A_n - G_n) \leqslant C$$

$$0 \leqslant i, j \leqslant 1$$

式中：i 为和谐系数；j 为不和谐系数；A_k 为第 k 个和谐参与者排放某污染物的数量；TG 为某污染物的总量控制目标；G_k 为根据和谐规则确定的第 k 个和谐参与者允许排放的某污染物数量；当 $A_k \leqslant G_k$ 时，表明该和谐参与者排放的污染物数量不需要削减，不需要考虑第三个约束条件，只有当 $A_k > G_k$，第三个约束条件才成立；TL 为某措施治理某污染物的技术上限；$C_1(A_1 - G_1), \cdots, C_k(A_k - G_k), \cdots, C_n(A_n - G_n)$ 分别为和谐参与者治理某污染物的边际成本；C 为政府对环境治理的经济投入。

该模型涉及几个重要参数，其确定方法说明如下：

（1）污染物总量控制目标 TG。为保证水质达到水功能目标，必须控制排放到水体中的污染物总量。它可以通过水体纳污能力计算得到，与时间、水体特性、污染物特征等因素有关。

（2）治理措施的技术上限 TL。从水污染负荷分配方案的可行性角度出发，需要考虑污染物治理措施的技术削减范围，满足污染物削减的要求，从而保障分配方案的可实施性。治理措施的技术上限与治理措施的选择有重要的关系，不同治理措施的治理效果是不同的。技术上限的确定可以通过查阅相关文献、考虑地区的差异性以及根据已有的研究成果来确定。

（3）治理污染物的边际成本 $C_k(A_k - G_k)$。边际成本主要与污染物的治理措施、治理效果、污染物特性等因素有关。边际成本函数确定需要考虑污染物治理措施，通过查阅研究区治理措施的基建成本和运行成本，综合分析边际成本与削减量之间的关系。

（4）允许排放的污染物数量 G_k。该变量与和谐规则及和谐参与者排放污染物的数量 A_k 有密切的联系，可通过和谐规则中的最低、最高约束或规则比例来确定。

（5）和谐系数 i。该变量反映和谐目标的满足程度，可以根据和谐目标来计算。本例采用第三章中的图 3-2（b）的曲线公式来计算和谐系数 i。其中，设曲线图中 X_1 为水体纳污能力，X_2 为 1.4 倍的水体纳污能力，即当污染物入湖总量小于水体纳污能力时，$i =$

1；当污染物入湖总量大于水体纳污能力且小于 1.4 倍水体纳污能力时，i 随着污染物入湖总量的增加而减小，通过线性插值获得相应值；当污染物入湖总量大于等于 1.4 倍水体纳污能力时，$i=0$。

（6）不和谐系数 j。该变量反映和谐参与者对存在分歧现象的重视程度，可以根据分歧度来计算，本例采用第三章中的图 3-3（d）的曲线公式来计算。

4. 计算结果分析

根据前面建立的计算模型以及各参数的确定方法，分别计算按照现状发展趋势下近期目标年 Y1、远期目标年 Y2 在 75% 和 90% 来水频率条件下该湖泊流域 COD_{Mn} 的排放量及和谐度，计算结果见表 11-3。

表 11-3　　　　　按现状发展趋势计算得到的 COD_{Mn} 排放量及和谐度

来水频率/%	年份	计算的入湖量/(t/年)	允许入湖量/(t/年)	和谐度
75	近期目标年 Y1	1439.043	1144.814	0.589
	远期目标年 Y2	1764.777	1237.313	0.000
90	近期目标年 Y1	1439.691	1059.955	0.263
	远期目标年 Y2	1763.622	1134.226	0.000

近期目标年 Y1 在 75% 来水频率下和谐度为 0.589，处于"接近不和谐"状态；近期目标年 Y1 在 90% 来水频率下和谐度为 0.263，处于"较不和谐"状态。而远期目标年 Y2 在 75% 和 90% 来水频率下和谐度均为 0，处于"完全不和谐"状态。通过分析和谐度的计算过程可知，近期目标年 Y1 污染物的入湖量虽已超出水体纳污能力，但小于 1.4 倍的水体纳污能力，表明湖泊还可以承受污染物排放入湖，但湖泊的水体纳污能力与污染物排放总量之间已经出现不和谐状态，必须通过参与者的和谐行为来控制污染物的排放量，使不和谐状态向和谐状态转变。

下面，就根据制定的和谐规则，即内源和外源按各自的贡献率控制污染负荷量，点源和面源根据最小边际成本投入控制污染负荷量，调整近期目标年 Y1、远期目标年 Y2 在 75% 和 90% 来水频率条件下 COD_{Mn} 的污染源允许入湖量，并计算调整后的和谐度，结果见表 11-4。从表 11-4 中可以看出，和谐度均为 1.0，处于和谐状态，表明表中各污染源的允许入湖量即为满足和谐目标所具有的最优和谐行为。

表 11-4　　　　　按照和谐模型计算的 COD_{Mn} 允许入湖量及和谐度

来水频率/%	年份	允许入湖量/(t/年)					和谐度
		点源	面源	内源	外源	合计	
75	近期目标年 Y1	802.413	96.114	153.969	92.317	1144.814	1.000
	远期目标年 Y2	966.260	65.687	139.286	66.080	1237.313	1.000
90	近期目标年 Y1	773.111	77.333	132.250	77.261	1059.955	1.000
	远期目标年 Y2	923.739	42.938	115.214	52.334	1134.226	1.000

根据表 11-4 的计算结果，近期目标年 Y1、远期目标年 Y2 在 75% 和 90% 来水频率下点源的允许入湖量占允许入湖总量的平均比例为 75.6%，面源、内源和外源的平均比例

分别为 6.2%、11.8%和 6.3%，这与该湖泊流域污染物来源对水体的贡献是类似的，同时也表明该湖泊流域 COD_{Mn} 污染的主要来源是点源，这与实际调研结果吻合。

从和谐规则来看，内源和外源采用贡献率法进行允许入湖量的分配，充分体现了两者对水体的贡献。而采用最小边际成本法对点源和面源进行分配，从优化的角度体现了治理点源和面源污染物的难易程度，也充分体现了经济投入的最小化。该和谐规则不仅体现了公平性，也考虑了优化的分配原则，表明该和谐规则是合理的。另外，从和谐度的评价结果也可以看出，按照目前各污染源的允许入湖量，可以使湖泊处于和谐状态，这表明分配得到的各污染源的允许入湖量是合理的，能够满足水功能目标的要求。

参 考 文 献

[1] 左其亭. 和谐论：理论·方法·应用 [M]. 2 版. 北京：科学出版社，2016.
[2] 左其亭，庞莹莹. 基于和谐论的水污染物总量控制问题研究 [J]. 水利水电科技进展，2011，31 (3)：1-5.

第四篇

应用实践

第十二章　河南省人水关系模拟与和谐评估及调控

从本章开始，介绍笔者所带的研究团队针对人水和谐论应用所做的研究成果，每章一个实例。因为篇幅所限，各章仅简要介绍主要内容，详细的内容可参考有关文献。

本章以河南省区域尺度人水和谐研究为例，介绍包含 4 个用水模块的人水关系模拟模型，开展河南省 18 个市的人水关系和谐评估，构建人水关系和谐调控模型，为河南省人水关系和谐调控提供支撑。本章主要摘录自笔者指导的研究生（赵衡）博士学位论文（文献 [1]），略有改动。

第一节　研究区概况及主要研究内容

一、研究区概况

（一）自然地理概况

河南省地处我国中东部，位于北纬 31°23′～北纬 36°22′、东经 110°21′～东经 116°39′之间，东部与山东、安徽省相邻，西界陕西、山西省，南连湖北省，北接河北省。省域面积辽阔，地形地貌复杂多样，有明显的过渡性特征。河南省南北宽约 550km，东西长约 580km，总面积约 16.60 万 km²，约占全国总面积的 1.73%。其中，山地面积约 6.14 万 km²，占 37.1%；丘陵面积约 1.94 万 km²，占 11.7%；平原面积约 8.47 万 km²，占 51.2%。河南省地势自西向东呈阶梯状分布，地形由中山、低山、丘陵过渡到平原，其中，中山海拔在 1000m 以上，平原海拔在 200m 以下。

河南省处于南温带和北亚热带的过渡地带，气候具有明显的过渡性特征，以伏牛山和淮河干流为界，省内南阳市、信阳市以及驻马店市的部分地区为亚热带，面积约占全省总面积的 30%，其余市为暖温带。受到季风气候的影响，南北气候差异较大，南部呈现湿润半湿润特征，北部呈现半湿润半干旱特征。全省气候大致可以概括为春季干旱而多风沙，夏季炎热而易水涝，秋季晴朗而日照长，冬季寒冷而少雨雪。全省年平均气温为 13～15℃，1 月平均气温为 0℃，7 月平均气温为 28℃，气温从南向北，从东向西呈递减趋势。全省多年平均降水为 771mm，年际变化大，年内分布不均，从北向南、从东向西呈递增趋势。受季风影响，年降水量的 60%～70% 集中于 6—9 月。

河南省地跨长江、淮河、黄河、海河四大流域，其中淮河流域面积 8.83 万 km²，占全省总面积的 52.8%；黄河流域面积 3.62 万 km²，占全省总面积的 21.7%；海河流域面积 1.53 万 km²，占全省总面积的 9.2%；长江流域面积 2.72 万 km²，占全省总面积的

16.3%。省内河流众多，大小河流 1500 多条，河川年径流量 303.99 亿 m³。降水的总体特点是降水量自南向北递减，同纬度的山丘区降水量大于平原区，山脉的迎风坡降水多于背风坡。

河南水资源缺乏并且地区分布不均，多年平均地表水资源量约为 303.99 亿 m³，呈现从南向北递减的趋势，西北、西部及南部山区水资源丰富。水体污染情况仍然较为严重，总体上，境内的海河流域污染最重，长江流域污染最轻。

（二）经济社会概况

河南省是中国人口大省，人口基数大，自 19 世纪 80 年代至今，人口一直持续增长，目前人口超过 1 亿。其中，农业人口偏多，城镇化率低于全国平均水平。河南省近 30 年来，国民生产总值增长迅速，尤其是 2000 年以后，年增长均在 10% 以上。河南省是农业大省，人均耕地面积基本不变，约为 0.07hm²/人，但是随着灌溉效率的提高，亩均粮食产量增加，人均粮食产值稍有增加。农业用水比例高，除郑州市、洛阳市、平顶山市等少数市外，其余市农业用水比例都超过 60%。

二、主要内容和研究方法简介

本章以河南省为对象，以人水和谐理念为指导，以和谐论量化研究方法为基础，以构建人水关系和谐调控模型为主线，采用理论研究与实例研究相结合的思路，具体研究方法可参阅文献 [1]。主要内容和研究方法简介如下。

（1）人水关系模拟研究。采用嵌入式系统动力学方法，将水系统以水资源转化方程以及污染物质量平衡方程的形式与人文系统各种用水模块相耦合，建立人文系统与水系统的耦合模拟模型。把该模型应用于河南省，对人文系统不同用水模块的取水-用水-排水过程开展分析，确定各模块的用水驱动因子，并通过总取水量和总排污量与水系统的质与量方程建立联系，实现人水关系不同情景下的动态模拟，找出影响人水关系的主要影响因素，为人水关系和谐调控奠定基础。

（2）人水关系和谐程度定量评估研究。从系统的功能和特点出发，并结合相关研究成果，详细分析水系统和人文系统的表征指标，按照"目标-准则-分类-指标"四层次构建涵盖水资源、水环境、水生态、社会发展、经济发展、科技发展、供水、保护和管理子系统在内的人水关系和谐评估指标体系。并综合考虑当前实际情况与长远的发展趋势，结合国内外的相关参数，确定相应指标的评估标准。采用和谐论量化评估方法，对河南省进行长序列分地区的人水关系和谐程度定量评估。

（3）人水关系和谐调控理论框架及模型研究。提出包含调控模型构建的依据、原则、分类、思路等方面的人水关系和谐调控模型框架。采用基于数列的匹配度计算方法，对人水关系和谐调控类型进行分类，并依据不同的调控目标和调控准则确定不同的调控模型，确定不同分类类型的调控方案。提出两种和谐调控模型，分别为基于和谐平衡的调控模型和基于"三条红线"的调控模型。其中，基于和谐平衡的调控模型是基于最新提出的和谐平衡概念和量化方法，构建包含和谐平衡一般表达式的调控模型；基于"三条红线"的调控模型是将"三条红线"作为约束条件，以人水关系和谐程度最大为目标构建的调控模型。

第二节 河南省人水关系模拟

一、概述

人水关系模拟是人水关系和谐调控的主要基础内容之一，主要是定量展示人水关系各影响因素之间的关联关系，实现它们之间的联动变化。对人水关系进行模拟，目前多是将人文系统的影响作为水循环模型的输入条件，或者是将水系统的影响作为经济社会模拟模型的边界条件，而将两者真正耦合进行模拟的研究较少。传统系统动力学对于复杂系统的模拟具有很大优势，但是在处理人水系统这种涉及面广、专业知识复杂、专业性强的复杂大系统时，不能充分考虑相关专业研究成果，不仅不能得到较好的结果，还可能由于专业知识的欠缺而得到不合理的结论。为了解决这一问题，扩宽系统动力学的应用范围，左其亭在 2007 年提出嵌入式系统动力学[2]的概念，不仅考虑了系统本身的特点和规律，还充分利用相关研究领域的理论和方法，解决了复杂并且具有专业特点的大系统模拟问题，大大提升了系统动力学的应用研究能力。但是，嵌入式系统动力学在人水系统模拟中的应用有限，还需要进一步深入研究。本节采用嵌入式系统动力学方法构建人水关系模拟模型，分析模型的结构、参数和方程，通过情景模拟对不同方案进行对比分析，并在河南省进行实例应用。

对河南省 18 个市，分别按照生活用水、农业用水、工业用水以及第三产业用水 4 个模块，并按照水资源供、用、耗、排的过程进行分析和建模。每个模块中既包含了水系统的相关指标，又包含了人文系统的相关指标，充分体现两个系统之间复杂的相互作用关系。它们具有相同的辅助变量，并通过这些辅助变量将上述 4 个模块联系在一起，组成人水系统。其中任何一个模块的任何一个因素的改变，均有可能引起整个系统的变化。通过耦合反馈关系，4 个用水模块有机地结合在一起，形成人水关系的动态模拟模型。构建的模型方程包括状态（L）方程、速率（R）方程、辅助（A）方程、专业（M）方程。在经过模型检验、参数确定、情景模拟之后，得到各种条件下的最终结果。

二、结果分析

模拟参数确定后，运行人水关系模拟模型，得到不同发展情景下不同年份的模拟结果。文献［1］中设置了 3 种模拟情景：经济快速发展情景（情景一）、加大水利和环保投资情景（情景二）、调整产业结构情景（情景三）。对模拟结果主要从缺水率和 COD 入河量两个方面进行分析。然后，将河南省各市人水关系 3 种模拟情景的模型参数和模拟结果，直接代入或者经过计算后代入人水关系和谐程度评估模型，得出不同情景下，河南省人水关系和谐程度。具体计算过程就不再赘述，只给出分析结果。

（1）河南省 18 市水系统健康度在各种情景下，与 2012 年相比均有所下降，并且多数市 2030 年比 2020 年有所改善。结果表明，虽然经济社会的快速发展会导致用水量增加，对水系统健康造成较大影响，但是伴随着科技发展、水利投资加大、产业结构调整等措施的实施，会提高水资源利用效率和节水程度，并逐步减少排污量和增加水资源的重复利用量，综合造成水系统健康程度的改善。

（2）河南省多数市的人文系统发展度也呈现从2012—2030年逐步变好的趋势，但在2020年和2030年变化不大，说明人文系统发展度与经济发展联系紧密，未来会逐步提高，但慢慢趋于平稳。

（3）河南省多数市的人水系统协调度变化趋势与人文系统发展度变化趋势类似，但是各种情景间差别较大，主要是因为用水结构的变化、人们用水意识的提高以及水资源管理水平的提高对人水系统协调度影响较大。

（4）河南省多数市的人水关系和谐程度也呈现出从2012—2030年逐渐变好的趋势，虽然2012年各市之间人水关系和谐程度相差较大，但是随着时间推移，这种差距将逐渐缩小，到2030年各市人水关系和谐程度基本相同。

（5）通过各种情景结果的对比分析可以看出，经济的快速发展不仅影响人文系统，还对水系统造成压力，水利投资和产业结构的调整可以缓解水系统问题，而经济发展、水利投资以及产业结构调整共同对人水系统产生巨大影响。分析认为，构建的模拟模型能较好地反映人水系统变化。

第三节　河南省人水关系和谐评估

一、构建评估指标和标准

按照"水系统健康、人文系统发展、人文系统和水系统协调"3个准则，按照"目标-准则-分类-指标"四层次构建人水关系和谐评估指标体系，见表12-1。对各指标进行详细分析，确定的各指标标准节点值结果见表12-2。

表 12-1　　　　　　　　　　人水关系和谐程度评估指标体系

目标层	准则层	分类层	指　标　层	指标编号	单位
人水关系和谐	水系统健康	水资源子系统	人均水资源占有量	X1101	m³/人
			水资源开发利用程度	X1102	%
		水环境子系统	Ⅳ级以上水质河长占总河长比例	X1201	%
			万元工业增加值废水排放量	X1202	t/万元
			COD入河量/水资源总量	X1203	t/亿 m³
		水生态子系统	生态需水满足程度	X1301	%
			建成区绿化覆盖率	X1302	%
	人文系统发展	社会发展子系统	人口自然增长率	X2101	‰
			人口密度	X2102	人/km²
			城镇化率	X2103	%
			第三产业从业人员比例	X2104	%
			恩格尔系数	X2105	无量纲

目标层	准则层	分类层	指　标　层	指标编号	单位
人水关系和谐	人文系统发展	社会发展子系统	城镇居民人均可支配收入	X2106	元
			农村居民人均纯收入	X2107	元
			人均粮食产量	X2108	t/人
			人均综合用水量	X2109	m³/人
		经济发展子系统	人均 GDP	X2201	元/人
			人均财政收入	X2202	元/人
			人均全社会固定资产投资	X2203	元/人
			第三产业产值占 GDP 比重	X2204	%
			工业产值占 GDP 比重	X2205	%
			GDP 增长率	X2206	%
			第三产业产值增长率	X2207	%
		科技发展子系统	万元 GDP 用水量	X2301	m³/万元
			万元工业增加值用水量	X2302	m³/万元
			工业用水重复率	X2303	%
			农田灌溉亩均用水量	X2304	m³/亩
			城市生活污水处理率	X2305	%
			万人拥有在校大学生数	X2306	人/万人
	人水系统协调	供水子系统	农业供水比例	X3101	%
			工业供水比例	X3102	%
			生活供水比例	X3103	%
			生态供水比例	X3104	%
		管理和保护子系统	水利及环保投资占 GDP 比重	X3201	%
			管理体制及管理水平	X3202	无量纲
			公众对河流保护自觉度	X3203	无量纲
			公众节水意识程度	X3204	无量纲
			监测站点及信息系统建设	X3205	无量纲

表 12-2　　　　　　　　　　　　评估指标标准节点值

指　标　层	指标编号	最差值 a	较差值 b	及格值 c	较优值 d	最优值 e	指标方向
人均水资源占有量	X1101	145	400	1000	1500	2400	正向
水资源开发利用程度	X1102	150	100	60	40	20	逆向
Ⅳ级以上水质河长占总河长比例	X1201	80	60	40	20	5	逆向
万元工业增加值废水排放量	X1202	30	20	11	7	3	逆向
COD 入河量/水资源总量	X1203	8000	5000	3000	1000	120	逆向
生态需水满足程度	X1301	10	40	60	80	100	正向

指　标　层	指标 编号	最差值 a	较差值 b	及格值 c	较优值 d	最优值 e	指标 方向
建成区绿化覆盖率	X1302	20	27.5	35	42.5	50	正向
人口自然增长率	X2101	10	7	5.7	3.8	2	逆向
人口密度	X2102	3500	2000	625	400	140	逆向
城镇化率	X2103	20	35	50	65	80	正向
第三产业从业人员比例	X2104	10	20	30	55	80	正向
恩格尔系数	X2105	60	55	50	40	30	逆向
城镇居民人均可支配收入	X2106	4500	7750	11000	30500	50000	正向
农村居民人均纯收入	X2107	2000	2900	3800	14400	25000	正向
人均粮食产量	X2108	100	250	400	700	1000	正向
人均综合用水量	X2109	800	660	520	360	200	逆向
人均 GDP	X2201	15000	22000	38000	120000	200000	正向
人均财政收入	X2202	500	4000	8000	16000	25000	正向
人均全社会固定资产投资	X2203	1000	10000	20000	32500	45000	正向
第三产业产值占 GDP 比重	X2204	20	32.5	45	52.5	60	正向
工业产值占 GDP 比重	X2205	55	50	45	40	30	逆向
GDP 增长率	X2206	2	3.5	5	6	7	正向
第三产业产值增长率	X2207	2.5	4	5.5	6.75	8	正向
万元 GDP 用水量	X2301	610	355	100	60	20	逆向
万元工业增加值用水量	X2302	200	160	120	65	10	逆向
工业用水重复利用率	X2303	20	35	50	70	90	正向
农田灌溉亩均用水量	X2304	420	380	330	250	180	逆向
城市生活污水处理率	X2305	30	45	60	75	90	正向
万人拥有在校大学生数	X2306	20	100	170	350	500	正向
农业供水比例	X3101	85	75	65	52.5	40	逆向
工业供水比例	X3102	10	17.5	25	35	45	正向
生活供水比例	X3103	4	5.5	7	8.5	10	正向
生态供水比例	X3104	1	2	3	4	5	正向
水利及环保投资占 GDP 比重	X3201	1	1.5	2	2.92	3.84	正向
管理体制及管理水平	X3202	20	40	60	75	90	正向
公众对河流保护自觉度	X3203	20	40	60	75	90	正向
公众节水意识程度	X3204	20	40	60	75	90	正向
监测站点及信息系统建设	X3205	20	40	60	75	90	正向

二、计算结果及分析

采用第十章第二节介绍的"单指标量化-多指标综合-多准则集成评估方法"（简称 SMI-P 方法），对河南省 18 个市连续 13 年的人水关系和谐程度进行定量评估，分别作出各市人水关系和谐程度评估结果变化趋势图以及人水关系和谐程度评估结果对比图，只给出 2012 年分区人水关系和谐程度评估结果（图 12-1），作为代表，其他结果和图此略。

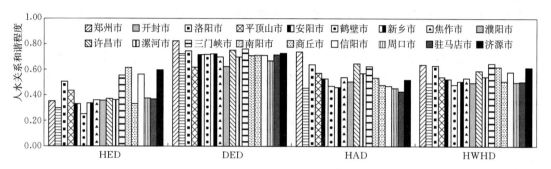

图 12-1　河南省各市 2012 年人水关系和谐程度评估结果

注　图中 HED 代表水系统健康度，DED 代表人文系统发展度，HAD 代表人水系统协调度，HWHD 代表人水关系和谐度。

从河南省各市历年人水关系和谐程度评估结果变化趋势图以及空间分布中可以看出，各市水系统健康度、人文系统发展度、人水系统协调度以及人水关系和谐度的年际变化趋势和空间分布趋势，对每个市进行分析，得出以下结论。

1. 随时间变化趋势分析

河南省各市在研究期内，大多数市的水系统健康度都在下降，下降比较明显的是许昌市、周口市以及驻马店市，表明河南省各市不仅水资源量缺乏，同时由于经济社会的快速发展，需水量不断增加，直接导致了排污量的增加和水质恶化，水系统的健康度仍是直接影响人水关系和谐程度的主要因素。所有市人文系统的发展度都在增加，说明近 10 多年来是河南省各市经济社会快速发展的阶段，变化最大的是新乡市、商丘市以及信阳市，变化较小的是开封市和濮阳市。所有市人水系统的协调度均在缓步提高，提高较大的是郑州市和濮阳市，提高幅度较小的是周口市和驻马店市，表明各市均对产业结构有所调整，改变了用水结构，同时各市对水资源保护和管理工作更加重视，从而提高了人水系统的协调状况。各市人水关系和谐度均在缓慢增加，增加较快的市是洛阳市、新乡市、焦作市以及三门峡市，变化较小的是开封市、平顶山市、漯河市、周口市以及驻马店市。

2. 空间变化分析

从计算结果来看，河南省各市的人水关系和谐程度是逐年提高的，人文系统发展度增长比较明显，各市之间的差别比较大。水系统健康度较好的是洛阳市、平顶山市、许昌市、三门峡市、南阳市、信阳市、周口市、驻马店市以及济源市，多位于河南省的西部和西南部。人文系统发展度较好的市是郑州市、三门峡市和济源市。人水系统协调度较好的是郑州市、洛阳市、平顶山市、许昌市、漯河市、三门峡市以及南阳市。人水和谐度较好的是郑州市、洛阳市、平顶山市、许昌市、三门峡市和南阳市，多位于河南省的中西部地区。

　　3. 三准则分类子和谐度分析

　　由于人水关系和谐程度的评估指标众多，为了确定各指标对人水关系和谐程度的影响，还需要对各指标的子和谐度值进行分析。

　　（1）水系统健康度指标。水资源子系统指标的子和谐度普遍较低，尤其是人均水资源量指标较差，水资源开发利用率指标较低，甚至为0。水环境子系统的指标中，Ⅳ级以上水质河长占总河长比例指标较差，万元工业增加值废水排放量指标较差，COD排放量/水资源总量指标较差。

　　（2）人文系统发展度指标。社会发展子系统指标中的城镇化率指标只有郑州市达到0.6以上，第三产业从业人员所占比例指标只有郑州市、洛阳市和济源市三市达到0.6。经济发展子系统指标中的人均GDP指标多数区域较差，人均财政收入指标只有郑州市和济源市稍好，第三产业产值占GDP比重指标部分区域较差，工业产值占GDP比重指标只有个别市较好。科技发展子系统指标中，万人拥有在校大学生数指标各市差别较大。

　　（3）人水系统协调度评估指标主要差别在供水子系统。其中农业供水比例指标子和谐度较低，生态供水比例指标普遍较低，说明河南省各市生态供水方面需要加强。

第四节　河南省人水关系和谐调控

一、基于和谐平衡的河南省人水关系和谐调控

　　依据前面对和谐平衡的描述，采用和谐平衡调控模型，对河南省各市进行调控计算，根据每个市实际情况，确定其和谐平衡的目标阈值以及约束条件集。设定各个用水部门的需水满足程度：生活需水满足程度为90%；工业需水、农业需水、第三产业需水满足程度为80%；生态需水满足程度为90%。同时，鉴于河南省各市水环境污染情况严重，选择最低目标阈值为人水关系和谐程度2012年达到0.6，2020年达到0.65，2030年达到0.70，当各市达到这个阈值时，可以认为达到了较低的和谐平衡水平。对2020年和2030年的调控，是在河南省人水模拟情景的基础上进行。在设定的调控方案下，将确定好的相关参数代入人水关系模拟模型中，得到调控方案下各相关指标的数值，再采用人水关系和谐程度评估方法对调控效果进行评估，多次调整方案，直到达到目标阈值为止。

　　针对人水关系调控，根据匹配度计算结果，划分4种调控类型：第Ⅰ种类型：匹配度小于0.6，水资源丰富但经济发展滞后；第Ⅱ种类型：匹配度小于0.6，水资源缺乏但经济发展迅速；第Ⅲ种类型：匹配度大于等于0.6，水资源不丰富且经济发展缓慢；第Ⅳ种类型：匹配度大于等于0.6，水资源丰富且经济发展较快。

　　对于现状年2012年的调控主要是针对用水定额和产业结构进行，见表12-3。表中调控指标数据是为了达到人水和谐程度0.6的最低值，该指标所需要达到的最低要求，现状情况下已经满足要求的市，比如郑州市、洛阳市以及南阳市等，没有进行调控计算。调控

时，按照各市所属类型进行，比如开封市为第Ⅰ种类型，可以适当发展工业，调控时将工业产值所占比例由 40% 调整到 55%；漯河市为第Ⅱ种类型，可以发展第三产业，调控时将工业产值所占比例由 65% 调整到 50%，第三产业产值所占比例由 19% 调整到 35%。从计算结果可以看出，由于各市类型不同，需要调控的指标变化也不同，最终的结果是河南省 18 市的人水关系和谐程度均达到 0.6 的目标阈值。

表 12 - 3   2012 年河南省人水关系调控结果

地区	GDP 增速 /%	工业用水定额 /(m³/万元)	农业用水定额 /(m³/亩)	工业产值占 GDP 比重 /%	第三产业产值占 GDP 比重 /%	调控后人水关系和谐度	调控前人水关系和谐度
郑州市	—	—	—	—	—	0.64	0.64
开封市	—	40	180	55	35	0.60	0.49
洛阳市	—	—	—	—	—	0.63	0.63
平顶山市	—	35	180	55	30	0.60	0.54
安阳市	—	22	180	50	40	0.60	0.53
鹤壁市	—	20	180	50	35	0.60	0.48
新乡市	—	40	180	55		0.60	0.51
焦作市	—	30	190	55	33	0.60	0.53
濮阳市	—	30	190	55	25	0.60	0.50
许昌市	—	—	—	—	—	0.60	0.60
漯河市	—	30	—	50	35	0.60	0.54
三门峡市						0.65	0.65
南阳市						0.62	0.62
商丘市		30		55	35	0.60	0.51
信阳市		40				0.60	0.58
周口市		30		55	35	0.60	0.50
驻马店市				50		0.60	0.50
济源市						0.62	0.62

2020 年和 2030 年调控指标数据是为了达到人水和谐程度 0.65 和 0.70 的最低值，该指标所需要满足的最低要求，见表 12 - 4 和表 12 - 5。情景三评估结果已经满足要求的市，没有进行调控计算。调控时，按照各市所属类型进行。比如，开封市为第Ⅰ种类型，按照调控策略需要加快经济发展、降低用水定额、调整产业结构、适当发展工业。因此调控时工业产值所占比例 2020 年由 35% 调整到 40%，2030 年由 35% 调整为 45%；GDP 增速 2020 年维持 8%，2030 年由 6.5% 调整为 7%；工业用水定额 2020 年由 38m³/万元调整为 30m³/万元，2030 年由 27m³/万元调整为 20m³/万元。焦作市为第Ⅳ种类型，按照调控策略需要减缓经济发展、降低用水定额、调整产业结构、发展第三产业。因此调控时第三产业产值所占比例 2020 年由 37% 调整为 42%，2030 年由 40% 调整为 45%；工业用水定额

2020 年由 40m³/万元调整为 25m³/万元，2030 年由 29m³/万元调整为 20m³/万元；GDP 增速 2020 年由 8% 调整为 7%，2030 年由 6.5% 调整为 6%。从计算结果可以看出，由于各市类型不同，需要调控的指标变化也不同，综合看来，开封市、安阳市、鹤壁市、新乡市、焦作市以及濮阳市人水关系相对于其他市来说具有较大的调控空间，需要采取多种措施综合调控来达到和谐平衡的要求。

表 12－4　　　　　　　　　　2020 年河南省人水关系调控结果

地区	GDP 增速 /%	工业用水定额 /(m³/万元)	农业用水定额 /(m³/亩)	工业产值占 GDP 比重 /%	第三产业产值占 GDP 比重 /%	调控后人水关系和谐度	调控前人水关系和谐度
郑州市	—	—	—	—	—	0.68	0.68
开封市	8	30	—	40	—	0.65	0.61
洛阳市	—	—	—	—	—	0.68	0.68
平顶山市	—	—	—	—	—	0.68	0.68
安阳市	7	—	—	45	40	0.65	0.60
鹤壁市	8			45	40	0.65	0.58
新乡市	8	25	210	45	—	0.65	0.57
焦作市	7	25	220	40	42	0.65	0.58
濮阳市	8	22	180	—	35	0.65	0.56
许昌市	—	—	—	—	—	0.68	0.68
漯河市	7	—	—	50	35	0.65	0.64
三门峡市	—	—	—	—	—	0.70	0.70
南阳市	—	—	—	—	—	0.74	0.74
商丘市	—	—	—	—	—	0.67	0.67
信阳市	—	—	—	—	—	0.75	0.75
周口市	—	—	—	—	—	0.66	0.66
驻马店市	—	—	—	—	—	0.65	0.65
济源市	—	—	—	—	—	0.68	0.68

表 12－5　　　　　　　　　　2030 年河南省人水关系调控结果

地区	GDP 增速 /%	工业用水定额 /(m³/万元)	农业用水定额 /(m³/亩)	工业产值占 GDP 比重 /%	第三产业产值占 GDP 比重 /%	调控后人水关系和谐度	调控前人水关系和谐度
郑州市	—	—	—	—	—	0.74	0.74
开封市	7	20	—	45	40	0.70	0.68
洛阳市	—	—	—	—	—	0.71	0.71
平顶山市	—	—	—	—	—	0.74	0.74

地区	GDP增速/%	工业用水定额/(m³/万元)	农业用水定额/(m³/亩)	工业产值占GDP比重/%	第三产业产值占GDP比重/%	调控后人水关系和谐度	调控前人水关系和谐度
安阳市	7	—	—	40	45	0.70	0.66
鹤壁市	7	—	180	40	45	0.70	0.65
新乡市	7	20	180	45	—	0.70	0.63
焦作市	6	20	190	45	45	0.70	0.65
濮阳市	7	20	190	50	35	0.70	0.62
许昌市	—	—	—	—	—	0.73	0.73
漯河市	—	—	—	—	—	0.72	0.72
三门峡市	—	—	—	—	—	0.74	0.74
南阳市	—	—	—	—	—	0.79	0.79
商丘市	—	—	—	—	—	0.74	0.74
信阳市	—	—	—	—	—	0.81	0.81
周口市	—	—	—	—	—	0.74	0.74
驻马店市	—	—	—	—	—	0.73	0.73
济源市	—	—	—	—	—	0.71	0.71

二、基于"三条红线"约束的河南省人水关系和谐调控

根据《河南省实行最严格水资源管理制度考核办法》中制定的河南省各市用水总量控制目标、水功能区达标控制目标以及用水效率控制目标，将其作为河南省人水关系和谐调控的限制条件，利用河南省人水关系模拟模型，计算在"三条红线"各指标达到控制标准时，经济社会相关指标的数值，并根据模型计算河南省人水关系和谐程度最优值。

根据"三条红线"的限制条件，倒推得到河南省各市在满足"三条红线"的基础上能够达到的最大经济发展规模，结果见表12-6和表12-7。从表中计算结果可以看出，在2020年和2030年情景三模拟的基础上，考虑"三条红线"的限制条件时，河南省各市的经济发展速度有所降低，但是水环境质量有所改善，综合来看各市人水关系和谐程度稍有提高，同时河南省整体的人水关系和谐程度得到提高，达到最大值，分别于2020年和2030年达到0.69和0.75。因此，在对河南省人水关系进行调控时，不仅要考虑到可能的经济社会发展速度，还要考虑到目前水资源综合管理的限制约束，从而使人水关系朝着健康和谐的方向发展。

表12-6   **2020年河南省人水关系和谐调控结果**

地区	GDP增率/%	工业增加值/亿元	第三产业产值/亿元	GDP/亿元	调控后人水关系和谐度	调控前人水关系和谐度
郑州市	7	5228	4575	10892	0.71	0.68
开封市	7.5	1162	981	2582	0.67	0.61

续表

地区	GDP 增率/%	工业增加值/亿元	第三产业产值/亿元	GDP/亿元	调控后人水关系和谐度	调控前人水关系和谐度
洛阳市	7	2421	1866	5043	0.68	0.68
平顶山市	7.5	1629	1065	3133	0.66	0.68
安阳市	7	1379	1139	2997	0.66	0.60
鹤壁市	7	629	220	999	0.64	0.58
新乡市	7.5	1554	1256	3306	0.68	0.57
焦作市	7	1645	768	2742	0.67	0.58
濮阳市	7.5	1088	525	1876	0.65	0.56
许昌市	7	1773	764	3056	0.65	0.68
漯河市	7	830	360	1383	0.64	0.64
三门峡市	7	1161	580	1934	0.69	0.70
南阳市	7.5	2234	1536	4655	0.71	0.74
商丘市	7.5	1417	998	3220	0.65	0.67
信阳市	7.5	1357	1116	3015	0.72	0.75
周口市	7.5	1669	1002	3339	0.66	0.66
驻马店市	7.5	1117	978	2794	0.68	0.65
济源市	7	458	207	739	0.69	0.68
河南省	7.2	28751	19936	57705	0.69	0.66

表 12-7　　　　　2030 年河南省人水关系和谐调控结果

地区	GDP 增率/%	工业增加值/亿元	第三产业产值/亿元	GDP/亿元	调控后人水关系和谐度	调控前人水关系和谐度
郑州市	5	8516	7452	17742	0.73	0.74
开封市	5.5	2205	1764	4411	0.70	0.68
洛阳市	5	3615	3615	8215	0.73	0.71
平顶山市	5.5	2676	2034	5352	0.75	0.74
安阳市	5	2197	2197	4883	0.70	0.66
鹤壁市	5	976	456	1627	0.68	0.65
新乡市	5.5	2598	2485	5647	0.67	0.63
焦作市	5	2456	1429	4466	0.68	0.65
濮阳市	5.5	1762	1121	3204	0.66	0.62
许昌市	5	2738	1593	4978	0.74	0.73
漯河市	5	1239	721	2253	0.73	0.72
三门峡市	5	1733	1103	3151	0.74	0.74
南阳市	5.5	3976	2783	7951	0.79	0.79
商丘市	5.5	2420	1705	5500	0.76	0.74

续表

地区	GDP 增率/%	工业增加值/亿元	第三产业产值/亿元	GDP/亿元	调控后人水关系和谐度	调控前人水关系和谐度
信阳市	5.5	2060	2266	5150	0.82	0.81
周口市	5.5	2566	1996	5703	0.75	0.74
驻马店市	5.5	2147	2147	4772	0.75	0.73
济源市	5	662	421	1204	0.73	0.71
河南省	5.2	46542	37288	96209	0.75	0.72

参 考 文 献

[1]　赵衡. 人水关系和谐调控理论方法及应用研究 [D]. 郑州：郑州大学，2016.
[2]　左其亭. 人水系统演变模拟的嵌入式系统动力学模型 [J]. 自然资源学报，2007，22（2）：268-274.

第十三章 河湖水系连通下郑州市人水关系和谐评估及调控

本章以河南省郑州市区域尺度人水和谐研究为例，针对郑州市河湖水系连通下人水关系变化实际情况开展研究，介绍河湖水系连通下郑州市人水关系和谐评估、和谐调控研究成果。河湖水系连通下人水关系变化的研究是对人水关系研究的进一步探讨与升华。通过和谐评估，定量了解河湖水系连通前后人水关系的变化，并进而进行人水关系的调控，为人们正确认识人水关系、准确描述人水关系变化、制定合理的区域经济社会发展战略、坚持走人水和谐的道路提供支撑。本章主要摘录自笔者指导的研究生（李可任）硕士学位论文（文献［1］），略有改动。

第一节 研究区概况及主要研究内容

一、研究区概况

（一）自然地理概况

郑州市是河南省省会，位于河南省中部偏北，北纬 34°58′～北纬 36°16′、东经 112°42′～东经 114°14′，东西长约 166km，南北宽约 75km，总面积 7446.3km²。

郑州北临黄河，地形总趋势是西南高、东北低。西南部登封县境内玉寨峰海拔 1512m，中部低山丘陵区海拔一般为 150～300m，东部平原地势平坦，海拔一般小于 100m，最低处只有 72m，境内高低相差 1440m。

郑州地跨黄河、淮河两大流域，境内黄河流域面积 2011.8km²，占总面积的 27%；淮河流域面积 5434.5km²，占总面积的 73%。全市有大小河流 124 条，流域面积较大（≥100 km²）的河流有 29 条，其中黄河流域 6 条，淮河流域 23 条。

郑州属北温带大陆性季风气候，四季分明，既有北方气候特征，又有南方气候特征，春季干燥少雨，夏季炎热多雨，秋季天气多变，冬季寒冷多风。多年平均气温 14.2℃，最高气温 43.2℃，最低气温 −17.9℃。多年平均降雨量 624.3mm，最大年降雨量 1054.2mm，最小年降雨量 384.8mm。降雨量年内分布不均，多集中在 7—9 月，占全年降雨量的 50%～65%，且多以暴雨形式出现，最大日降雨量 200mm。降水量空间分布不均匀，总体上呈由南向北逐渐递减的趋势。年水面蒸发量 1697.6～1044.5mm，平均为 1221.1mm，干旱指数大于 1。

（二）经济社会概况

郑州是河南省政治、经济、文化、科技、商贸、交通的中心，为京广、陇海两大铁路干线交汇处，也是 107、310 两条国道交汇地，是中国商品集散中心地之一，国家中心城市。郑州地理位置十分优越，历史源远流长，自古就是战略要地，古为商代都邑，已有 3000 多年的历史。

1948 年 10 月 22 日，郑州解放，新中国建立时河南省省会在开封，后于 1954 年 10 月，河南省省会从开封迁到郑州。经过 70 多年的建设和改造，整个城市发生了翻天覆地的变化。郑州市现辖 6 区（中原区、二七区、管城区、金水区、惠济区、上街区）、5 市（巩义市、登封市、荥阳市、新密市、新郑市）、1 县（中牟县）及郑州航空港经济综合实验区（以下简称"航空港区"）、郑东新区、经开区、高新区。至 2018 年，郑州市区面积已达 1055.27km^2、市区人口已到 522.5 万人，郑州全境总人口为 1013.6 万人。

自 20 世纪 80 年代以来，郑州经济发展变化显著，特别是进入 90 年代后，发展增长速度加快，1992 年郑州跻身中国城市综合实力 50 强，2011 年郑州经济总量进入中国城市 20 强。2017 年，郑州完成生产总值 9193.8 亿元，人均生产总值 93048 元。其中，第一产业增加值 151.6 亿元，第二产业增加值 4082.7 亿元，第三产业增加值 4959.5 亿元。2017 年，全年规模以上工业企业完成增加值 3191.3 亿元，全年粮食总产量 153.2 万 t。

二、主要内容和研究方法简介

本章以保障人水和谐为目标，维持水资源科学合理高效利用和满足水生态文明建设需求为导向，在考虑新时期河湖水系连通的作用下，构建河湖水系连通下人水关系和谐评估量化指标体系，对郑州市人水关系变化做出定量评估，并提出相应的调控措施，为经济社会可持续发展、水资源合理开发、高效利用与保护、人水和谐相处提供相应的支撑。研究内容包括以下 3 个方面：

（1）河湖水系连通下郑州市人水关系变化分析。在深入理解新时期河湖水系连通概念和内涵的基础上，对河湖水系连通对人水关系的影响作用机理进行深入分析，并在此基础上对郑州市不同时期河湖水系连通下人水关系变化进行系统总结，最后对河湖水系连通演变和人水关系变化之间的联系进行探讨。

（2）河湖水系连通下郑州市人水关系和谐评估。在对河湖水系连通对人水关系的影响机理和河湖水系连通演变与人水关系变化之间的联系进行分析总结的基础上，构建了河湖水系连通下人水关系和谐评估量化指标体系，对河湖水系连通作用下郑州市各行政分区人水关系变化进行和谐评估。

（3）河湖水系连通下郑州市人水关系和谐调控。从改变河湖水系连通条件的角度，以不同的水系连通条件作为设计情景，制订人水关系调控方案，并计算不同调控方案下郑州市各行政分区的水系连通性，最后对不同方案下郑州市各行政分区人水关系进行计算和分析，最终确定最优的水系连通方案和相应的调控措施。

第二节 河湖水系连通下郑州市人水关系和谐评估

一、构建评估指标和标准

按照人水和谐量化三准则，即水系统健康、人文系统发展、人水系统协调[2]，构建由目标层、准则层、分类层、指标层 4 层次结构组成的人水关系和谐评估量化指标体系框架，通过一系列步骤，选择的河湖水系连通下人水关系和谐评估量化指标体系见表 13-1。

表 13-1　　　　　　　　　河湖水系连通下人水关系和谐评估量化指标体系

目标层	准则层	分类层	指标层	指标编号	单位
人水关系指数（HWFI）	水系统（WS）	水资源状况	径流深	X1101	mm
			单位面积水资源量	X1102	万 m^3/km^2
		水环境与生态状况	水质达标河长比例	X1201	
			生态用水所占比例	X1202	
			水景观舒适度	X1203	
		水系连通性	河网密度	X1301	
			河网复杂度	X1302	
			水系连接度	X1303	
	人文系统（HS）	社会发展	城镇化率	X2101	
			恩格尔系数	X2102	
		经济发展	人均 GDP	X2201	万元/人
			经济增长率	X2202	
			第三产业所占 GDP 比重	X2203	
		科技发展	万元 GDP 用水量	X2301	m^3/万元
			工业用水重复率	X2302	
			农业灌溉水利用系数	X2303	
		发展安全保障	人均粮食产量	X2401	t/人
			人均用水量	X2402	m^3/人
	人水系统相互作用（HWS）	水对人文系统的服务	人均水资源量	X3101	m^3/人
			人均供水量	X3102	m^3/人
		人对水系统的开发保护	水资源开发利用程度	X3201	
			地下水供水比例	X3202	
			城市污水处理率	X3203	
			水利及环保投资占 GDP 比重	X3204	
		水资源管理水平及公众意识	公众节水意识	X3301	
			公众参与水资源管理决策的程度	X3302	

二、计算结果及分析

采用第十章第二节介绍的"单指标量化-多指标综合-多准则集成评估方法"（简称 SMI-P 方法）对郑州市人水关系进行评估，这里只介绍主要结果，以作参考。

从郑州市各计算分区 2002—2011 年人水关系和谐评估结果变化趋势图和郑州市 2002—2011 年各计算分区人水关系和谐评估结果对比图（图件此略），分析郑州市各计算分区 2002—2011 年水系统健康指数、人文系统发展指数、人水系统协调指数和人水关系指数，得出以下结论：

（1）郑州市各计算分区人水关系指数均呈现增大趋势，人水关系整体向和谐方向发展。其中，水系统健康指数、人文系统发展指数、人水系统协调指数也大致呈现出增大趋势。但是相比而言，水系统健康指数总体较小，表明目前制约人水关系和谐发展的最主要因素是水系统健康方面的问题。由于经济社会发展，使得全市需水量和用水量不断增加，生态用水不断被挤占，与此同时，还存在着各行业用水效率低下和污废水超标排放等问题，随之而来的是水环境恶化和水生态破坏，进而影响水系统的健康。

（2）对比各计算分区结果，郑州市区人水关系指数明显高于其他县市。这主要是因为郑州市区经济基础原本好于其他县（市），使其人文系统发展指数明显高于其他县（市）；另外生态用水所占比例和保证率较高，并且率先开展市区生态水系规划，并且已经初步实施河湖水系连通工程，使得郑州市区的水系连通性相对较好。登封市人水关系指数总体上较差，登封市境内可利用地表水资源量有限，地下水资源受水量和水质的双重制约，可开采量较少，加之地理位置和地形特点，使得实施外调水比较困难，并且众多的煤矿开采造成地下水资源量锐减，矿坑排水也造成水环境污染，严重威胁到水系统的健康。

（3）对比 2002—2011 年各计算分区人水关系评估结果，可以发现与其他年份相比，2009 年各计算分区人水关系指数明显降低。这主要是由于 2009 年郑州市年降水量较小，在保证生活、经济社会发展和农业用水的条件下，生态用水被严重挤占，造成了生态环境进一步恶化，进而影响到水系统的健康。相比于其他县（市），郑州市区人水关系指数变化不明显。首先，因为郑州市区主要以工业、生活用水为主，农业用水比例很小，其用水保证率较高；其次，郑州市区本身水资源利用效率相比其他县（市）较高、污水处理与中水回用配套工程完善；最后，由于市区内河湖水系连通性较好，保障了生活、生产和生态用水的安全。

第三节　河湖水系连通下郑州市人水关系和谐调控

一、人水关系调控水系连通方案

河湖水系连通除了能够起到水资源与物质能量输送、维系良好水生生物生存环境与保证物种多样的作用，还具备提高水资源统筹调配能力、改善生态与环境状况、抵御水旱灾害等社会功能。因此，河湖水系连通条件与水系统的健康、经济社会的发展、人水关系的协调之间存在着密切的联系，河湖水系连通在一定程度上可以影响甚至改变人水关系状况。基于此，河湖水系连通下郑州市人水关系调控方案可从改变水系连通条件的方面进行设定。

水系连通方案设计主要来源于《郑州市水资源综合规划》《郑州市生态水系规划》以及各县（市）水资源综合规划等成果报告。河湖水系连通下人水关系调控方案分为初始连通方案、当前连通方案、近期规划连通方案、远期规划连通方案。本章是以 2014 年作为"基准年"参照年份。各方案的基本情况是：①初始连通方案下的郑州市水系连通工程主要包括 14 座中型水库（及配套供水工程）和 6 个引黄闸（及配套供水工程）。②当前连通方案下的郑州市水系连通工程主要包括陆浑水库西水东引工程、骨干供水工程、郑州市区10个骨干河道治理工程、郑州市生态水系工程。③近期规划连通方案下的郑州市典型的水系连通工程为郑州市南水北调中线供水配套工程。南水北调中线工程郑州段全长133km，途经新郑市、郑州市区、荥阳市，供水范围包括新郑市、中牟县、郑州市区、荥阳市、新郑航空港区和上街区。④远期规划连通方案下的郑州市水系连通工程包括陆浑水库西水东引郑州供水工程、小浪底引水工程、蒋冲提灌供水工程、引黄入新工程、登封市生态水系工程。

二、调控计算结果与分析

在仅考虑河湖水系连通的调控措施下，计算郑州市各分区不同河湖水系连通调控方案下的水系统健康指数、人文系统发展指数和人水系统协调指数。采用变权法计算准则层的最终权重，加权平均计算得到人水关系指数。郑州市各计算分区不同连通调控方案下人水关系指数计算结果见表13-2。

表13-2 郑州市各计算分区不同连通调控方案下人水关系指数计算结果

调控方案	巩义市	登封市	荥阳市	新密市	郑州市区	新郑市	中牟县
初始连通方案	0.619	0.594	0.648	0.612	0.601	0.600	0.591
当前连通方案	0.652	0.622	0.662	0.615	0.644	0.651	0.611
近期规划连通方案	0.676	0.645	0.677	0.651	0.697	0.679	0.659
远期规划连通方案	0.692	0.685	0.688	0.677	0.719	0.698	0.682

根据郑州市不同连通调控方案下人水关系和谐评估计算结果，分析郑州市各计算分区不同连通调控方案下水系统健康指数、人文系统发展指数、人水系统协调指数和人水关系指数，得出以下结论：

（1）在初始连通调控方案下，郑州市各计算分区人水关系指数整体偏小。其中，荥阳市人水关系指数最大，登封市最小。这主要是因为荥阳市本身经济发展较好，人文系统发展指数较高。另外，荥阳市境内的主要河流（索须河、枯河、汜水河）基本上是源头区，水质较好，水生态环境相对稳定，使其水系基本维持在一个较好的状态；而登封市经济基础较差，产业结构较为单一，其人文系统发展指数较低；加之，颍河作为登封市的主干河流，自西向东贯穿整个登封市，并且其支流较多，受工农业生产和煤矿开采的影响，污染十分严重，水质达标率较低，严重影响了水系统健康。

（2）在当前连通调控方案下，郑州市各计算分区人水关系指数基本维持不变，个别地区呈现好转的趋势。与初始连通条件进行对比，巩义市、郑州市区人水关系改善幅度较为明显，新郑市、登封市、荥阳市人水关系改善幅度较低，新密市、中牟县人水关系指数基本维持原状。这主要是因为郑州市区和巩义市初步实施的水系连通工程，使其水系连通性有所改善，客观上提升了本地的供水能力，并通过生态水系规划和一系列的河道治理促使水生态环境得到改善，水系统健康指数明显增大，间接地改善了紧张的人水关系。

（3）在近期规划连通调控方案下，郑州市各计算分区人水关系指数呈现好转的趋势。其中，郑州市区人水关系指数最大，登封市和新密市较小。随着南水北调中线工程的开始供水，郑州市区用水紧张形势将得到一定的缓解，加之生态水系工程效益逐步显现，使其在水系统健康指数增大的同时，人水关系更加协调。登封市和新密市由于地形地势原因，不能受益于南水北调供水，只能采取内部挖潜，相应的本地水系连通工程也不完备，所以人水关系的改善幅度也最小。

（4）在远期规划连通调控方案下，郑州市各计算分区人水关系指数呈现增大趋势。其中，郑州市区人水关系指数最大，新密市最小。除了南水北调中线工程和生态水系工程发挥效益外，陆浑水库西水东引工程将向郑州市区供水，使得郑州市区生活、生产、生态用水得到了进一步的保障，大幅度改善了人水关系。巩义市和荥阳市的陆浑水库西水东引工程、巩义市的小浪底引水工程、新郑市的引黄入新工程、登封市生态水系工程均在一定程度上具备水资源配置和水环境改善的功能，对这些地区水系统健康的维护和改善、人文系统发展的支撑和保障、人水系统协调的促进和推动起到积极作用。

参 考 文 献

[1]　李可任．河湖水系连通下郑州市人水关系变化及调控研究［D］．郑州：郑州大学，2014.
[2]　左其亭，张云．人水和谐量化研究方法及应用［M］．北京：中国水利水电出版社，2009.

第十四章　跨界河流的和谐分水模型及应用

一条河流的可利用水资源量是有限的，可以纳污的能力是有限的，承载的经济社会规模也是有限的，为了保护河流健康，必须共同采取措施控制总引用水量，共同控制排污量，共同保护河流环境和生态。然而，由于跨界河流特别是跨国界河流，处于不同位置，有不同外部条件、不同发展水平、不同观念的差异，在对待河流开发方面存在很大差异，往往会带来人与水的矛盾、河流上下游之间的矛盾、不同区域之间的矛盾，最终的结果可能会导致河流的灾难。因此，如何和谐共处，实现河流健康，就显得尤为重要。本章主要内容引自文献［1］，是在文献［2］的基础上，针对跨界河流的特点，采用和谐论理念，来解读跨界河流分水问题，建立跨界河流的和谐分水模型，并以某国际河流分水问题为应用实例。此外，介绍文献［3］关于黄河分水方案计算结果。

第一节　跨界河流分水问题及和谐论解读

一、跨界河流分水问题

从自然界河流形成的规律来看，在自然界多种营力作用下，经过漫长的过程，不断形成了一个个流域，对应形成有多级河流。自然界的河流是由有自然边界的流域汇流而成的。而现实中的行政分区、国家分界多是人为划分的。因此，一条河流的流域边界可能与区域分界不一致，这就导致不同区域甚至不同国家共用一条河流的情况，这就是跨界河流。其中，跨越不同国家的河流又称为国际河流。

由于跨界河流跨越不同区域，不同区域和不同用水户共用一条河流，在控制河流总引水量时就涉及一个水量分配问题。如果分配得当，各个区域和用水户都能严格遵守分水协定，引用水量不超过总可利用水量，就能保护好河流，同时也能使各方用水和谐相处。相反，如果分配不当，就会带来河流上下游之间、不同区域之间、不同用水户之间的矛盾，甚至出现水事纠纷、水战争，最终危及人与水的关系和整条河流的健康。跨界河流分水问题一直以来都是河流开发利用中的一个难点问题，历史上关于跨界河流分水方面有许多经验，也有许多教训。如果在分水上存在歧义或者分水方案不合理，一方面可能会给用水各方带来矛盾甚至战争，另一方面可能会带来水资源的过度开发甚至造成生态环境破坏。

因为跨界河流至少跨越两个区域（或国家），不同区域特别是不同国家在思想观念、战略需求、地区（或国际）关系、政治因素、科技发展水平等方面，可能会有很大的差异，这给分水方案的制订带来更加复杂的不确定因素，使分水问题更加复杂，主要表现在以下几方面：

（1）一条河流的水资源是有限的，但各地区（或国家）都希望利用更多的水资源，从而就出现竞争性矛盾，这是跨界河流争水的内在因素。从本质上讲，每个地区（或国家）都希望具有更多的水资源使用权，也是可以理解的。但是，可以利用的水资源量是有限的，怎么让有限的水资源与无限占有水资源的欲望协调起来？这就需要用水各方的共同努力。

（2）跨界河流特别是跨国界河流涉及的地区或国家关系，除了受水资源分配因素影响外，可能还会受其他因素的影响或制约，比如社会发展与稳定、石油矿产资源、粮食安全、军事地位、政治因素、国际关系等。也就是说，跨界河流分水考虑的不仅仅是水资源分配本身，可能还夹杂着其他因素，使跨界河流分水问题复杂化。

（3）不同地区（或国家）之间总体实力、社会福利、科技水平等可能有较大差异，对水资源的开发利用能力和水平有较大差别，很难用一个标准和尺度来衡量和处理跨界河流开发问题，使分水技术问题复杂化。

（4）水资源利用不仅考虑水量，还要考虑水质，甚至涉及与之相关的生态系统。一般，河流分水主要针对水量，但是随着用水的不断增加，水质问题越来越复杂，需要统筹考虑水量、水质。这仍是目前学术上的难点问题。

针对跨界河流分水的复杂问题，笔者认为，首先，要坚持和谐论思想来处理各种用水矛盾，保持和谐的地区（或国际）关系，创造和谐的社会氛围，通过相关地区（或国家）的共同努力，以实现人与人和谐、人与自然和谐；其次，要坚持人水和谐的指导思想，实现和谐目标，不能破坏河流生态系统，维持良好的河流水循环再生能力；最后，必须定量化分水，明确各用水区的用水水权，从跨界河流分水谈判的角度考虑，要充分利用本地区或本国优势因素，合理争取水权，构建和谐的发展环境、用水环境。

二、跨界河流分水问题的和谐论解读

跨界河流分水问题，可以用和谐论五要素来描述，说明如下：

（1）和谐参与者：在跨界河流分水中，和谐参与者就是参与跨界河流分水的地区（或国家）。如果河流跨越两个地区（或国家），其和谐参与者就是两个，跨界河流分水问题就转化为两个地区（或国家）间的水资源分配。这就需要加强地区（或国家）间的合作，从国家层面上实现地区或国际合作。针对一条跨国界河流，如果不加强国际合作，甚至采用强硬政治手段，肯定会严重影响河流的开发和保护，甚至会影响到国家安全。

（2）和谐目标：从流域水资源统一管理角度来看，必须保证水资源利用量小于水资源可利用量，不超出水系统的承受能力限度；为了保持一定的河流水质，严格控制进入水体的污染负荷，确保进入水体的污染负荷总量小于水体可以承纳的最大污染物量；为了保护和维持水生态系统良性循环发展，必须保障河流生态系统健康发展。如果不顾河流水资源的保护，肯定会带来水生态灾难，对哪一个地区（或国家）都是有害而无利的。

（3）和谐规则：也就是怎么去分水，在具体工作中遵循什么样的规则。一方面，可以参考和借鉴目前已有的跨界河流分水方法；另一方面，可以通过谈判制订具体的分水方法。比如，目前关于跨国界河流分水的方法主要有 6 种：①按流域内的国家或地区数量平均分配水资源总量；②按流域面积分配；③按流域内人口比例分配；④按实际产水比例分水；⑤按实际用水量比例分水；⑥通过谈判确定分水量。跨界河流分水方法受多种因素的影响和制约，特别是受经济实力和政治因素的影响，有时是变化的，属于"变规则和谐"。例如，某跨国界河流的上游国比较强大，占流域面积较大，可以提出按照"按流域面积分配法"分水，当然是否能得到下游国的认可还需要谈判甚至做出一定的妥协。但如果下游国有丰富的石油资源和潜在的恐怖分子威胁，这时上游国考虑到国家安全，可以做出一些妥协，来换取石油资源和国家安全。这样，分水的规则就随着外部条件的变化而发生变化。

（4）和谐因素：如果单纯针对分水这一行为来说，和谐因素只是分水这一单因素。如果纳入到国家或地区和谐研究中，就不仅仅针对分水这一个因素，还可能包括矿产资源因素、粮食安全因素、社会稳定和安全因素等。

（5）和谐行为：就是参与者所采取的具体的分水措施（包括分水量、分水比例等），也就是得到的最终分水方案。

第二节　跨界河流的和谐分水模型

为了叙述上的方便，本节通过一个简化的例子，介绍跨界河流的和谐分水模型，其他复杂的跨界河流分水问题同样可以建立类似的模型。

如图 14-1 所示，某跨界河流，跨越两个地区。上游地区、下游地区都有一定量的产水，假设上、下游地区的产水量分别为 Q_1、Q_2，则界线断面上的天然径流量就是 Q_1。用水户需要保护河流本身生态和三角洲、湖泊湿地生态。经论证，河流下泄到三角洲和湖泊湿地的最小径流量为 E_0。也就是，要求由于人类活动增加的实际消耗水量 $Q_A \leqslant Q_1 + Q_2 - E_0$；或者是，河流下泄到三角洲和湖泊湿地的径流量 $Q_{out} \geqslant E_0$。

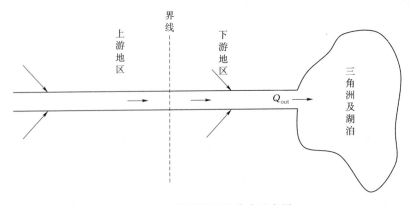

图 14-1　某跨界河流分水示意图

1. 和谐目标

要求由于人类活动增加的实际消耗水量（Q_A）小于等于流域总径流量（$Q_1 + Q_2$）减去河流下泄到三角洲和湖泊湿地的最小径流量（E_0），或者，河流下泄到三角洲和湖泊湿地的径流量 Q_{out} 大于等于 E_0，则有方程式

$$Q_{\text{out}} \geqslant E_0 \tag{14-1}$$

2. 和谐规则

假定按照上游地区、下游地区产水量来进行分水。假定上游地区、下游地区增加的实际消耗水量分别为 Q_{A1}，Q_{A2}，则

$$\frac{Q_{A1}}{Q_{A2}} = \frac{Q_1}{Q_2} \tag{14-2}$$

界线断面上的实际径流量 $Q = Q_1 - Q_{A1}$；下泄到三角洲和湖泊湿地的径流量 $Q_{\text{out}} = Q_1 + Q_2 - Q_{A1} - Q_{A2}$，根据式（14-1），要求：

$$Q_{\text{out}} = Q_1 + Q_2 - Q_{A1} - Q_{A2} \geqslant E_0 \tag{14-3}$$

或

$$Q_{A1} + Q_{A2} \leqslant Q_1 + Q_2 - E_0 \tag{14-4}$$

3. 求定规则和谐下的解

根据式（14-2）和式（14-4）可以联合求解方程组，得到

$$Q_{A1} = \frac{(Q_1 + Q_2 - E_0)Q_1}{Q_1 + Q_2} \tag{14-5}$$

$$Q_{A2} = \frac{(Q_1 + Q_2 - E_0)Q_2}{Q_1 + Q_2} \tag{14-6}$$

4. 考虑妥协下的变规则和谐

假如上游地区考虑到其他因素的影响，对分水做出一定的妥协，假设用妥协系数 μ（示意削减的百分数）来表达，即

$$Q_{A1} = (1 - \mu) \frac{(Q_1 + Q_2 - E_0)Q_1}{Q_1 + Q_2} \tag{14-7}$$

$$Q_{A2} = \frac{(Q_1 + Q_2 - E_0)Q_2}{Q_1 + Q_2} + \mu \frac{(Q_1 + Q_2 - E_0)Q_1}{Q_1 + Q_2} \tag{14-8}$$

如果下游地区妥协，则可以类似推导计算式，即

$$Q_{A1} = \frac{(Q_1 + Q_2 - E_0)Q_1}{Q_1 + Q_2} + \mu \frac{(Q_1 + Q_2 - E_0)Q_2}{Q_1 + Q_2} \tag{14-9}$$

$$Q_{A2} = (1 - \mu) \frac{(Q_1 + Q_2 - E_0)Q_2}{Q_1 + Q_2} \tag{14-10}$$

5. 建立和谐度方程

以上计算的是完全满足和谐目标与和谐规则的情况。在现实中，由于外部环境的不确定性、实际问题的复杂性，可能不会严格按照这一结果进行分水，或许会有所变化。那么这种情况下，可接受的情况如何，可以用和谐度来衡量：

$$\text{HD} = ai - bj \tag{14-11}$$

针对跨界河流分水问题的具体实例，可以对式（14-11）中参数作如下计算：

（1）统一度 a、分歧度 b。统一度 a 的计算，用"按照和谐规则计算的上游地区和下游地区总耗水量"除以"实际总耗水量"。分歧度采用如下简便算法：$b = 1 - a$。

（2）和谐系数 i，反映和谐目标的满足程度，由和谐目标计算确定。采用第三章图 3-2（b）的曲线形式。X 表示和谐行为总值，针对本问题就是分配的水资源量之和，即 $X = Q_{A1} + Q_{A2}$。X_1 是允许人类活动消耗水量的最大值，超出 X_1 后就会给和谐目标带来影响。

（3）不和谐系数 j，反映和谐参与者对存在分歧现象的重视程度，由分歧度计算确定。采用第三章图 3-3（c）的曲线形式，即 $j=1$。

6. 不同方案下和谐度计算

根据和谐度方程，可以计算不同方案下、不同分水规则下的和谐度大小。这可为跨界河流分水谈判提供定量化依据。

第三节　某国际河流和谐分水结果分析

一、研究实例概况

这里以一个跨越两个地区的跨界河流为例（图 14-1）。所有的数据和结果都进行了详细论证，为了突出人水和谐论的应用成果，对引用的数据不再详细说明和论述，只列出选用的已知结果数据。该河流上游地区流域面积为 11562.6km²，下游地区流域面积为 18685.2km²；上游地区境内水资源量为 33.16 亿 m³，下游地区境内水资源量为 14.10 亿 m³；承担着河流下游及湖泊的生态环境保护任务，经论证，要求河流下游平均每年下泄水量为 17.44 亿 m³。目前，上游地区人口数量为 48.76 万人，下游地区人口数量为 46.54 万人。上游地区农业用水为 11.01 亿 m³，工业用水为 0.51 亿 m³，生活用水为 0.18 亿 m³，总计实际用水量为 11.70 亿 m³；下游地区农业用水 4.71 亿 m³，工业用水为 0.22 亿 m³，生活用水为 0.45 亿 m³，总计实际用水量为 5.38 亿 m³。

二、分水的和谐目标及和谐规则

要求该河流下游平均每年下泄水量为 17.44 亿 m³，这是该河流开发应该实现的共同目标，也可以看作河流分水的和谐目标。

根据目前跨界河流可能的分水方法，阐述以下具体规则，作为分水的几种可选方案。

（1）平均分水规则。这一规则是按照流域内的地区数量平均分水。该规则要求上、下游地区在保证河流生态环境保护目标的条件下，平均分配河流水量，保证具有平等的用水权利。依据规则，上、下游地区分水比例为 50%、50%。

（2）按流域面积比例分水规则。该规则要求上、下游地区在保证河流保护目标的条件下，按照上、下游地区各自境内的流域面积比例分配水资源量。依据本例中上、下游地区流域面积，计算得到上、下游地区分水比例为 38.23%、61.77%。

（3）按实际产水比例分水规则。该规则要求上、下游地区在保证河流下游及湖泊生态环境保护目标的条件下，按照两地区各自境内的水资源量比例分水。依据本例中上、下游地区境内水资源量，计算得到上、下游地区分水比例为 70.22%、29.78%。

（4）按流域内人口分水规则。该规则要求上、下游地区在保证河流下游及湖泊生态环境保护目标的条件下，按照两地区的人口数量分配水量。根据本例中上、下游地区人口数量，计算得到上、下游地区分水比例为 51.17%、48.83%。

（5）按实际用水量比例分水规则。该规则要求上、下游地区在保证河流下游及湖泊生态环境保护目标的条件下，按照两地区实际用水量分配水量。根据本例中上、下游地区实际用水量，计算得到上、下游地区分水比例为 68.48%、31.52%。

三、开发利用规模和方案

由于该河流到目前还没有就分水提出各方达成共识的分水方案，故本节依据前文所述的跨界河流和谐分水思想及模型，按照和谐规则，提出几套分水方案，以供参考。

（一）基于定和谐规则的简单方案计算

为了保证该河流健康发展，需要上、下游地区公平合理地开发利用水资源。本节按照定规则简单水量核算方法，计算各种分水方案下的分配耗水量，见表 14-1。这是假定上游地区境内水资源量为 33.16 亿 m³，下游地区境内水资源量为 14.1 亿 m³，保证向下游湖泊下泄水量 17.44 亿 m³ 的计算结果。这里的耗水量是人类活动增加的狭义水资源量。

表 14-1　　　　　　　　基于定和谐规则的简单方案计算

方案	分水规则	上游地区耗水量/亿 m³	下游地区耗水量/亿 m³
方案 1	平均分水规则	14.91	14.91
方案 2	按流域面积比例分水规则	11.40	18.42
方案 3	按实际产水比例分水规则	20.94	8.88
方案 4	按流域内人口分水规则	15.26	14.56
方案 5	按实际用水量比例分水规则	20.42	9.40

（二）妥协情况下的变和谐规则计算

由于上、下游地区的社会、经济、文化等背景不同，考虑到上、下游之间的协调关系，加之社会稳定与安全等因素，在制订分水方案时，需要灵活掌握，可以考虑一定程度的妥协。参照本章第二节提到的妥协系数方法，可以分析不同条件下的规则变化后的分水方案。表 14-2 为上游地区妥协系数分别为 10%、20% 情况下所计算出的分水方案。

表 14-2　　　　　　上游地区妥协情况的变和谐规则下的分水方案

妥协系数	方案	分水规则	上游地区耗水量/亿 m³	下游地区耗水量/亿 m³
10%	方案 1	平均分水规则	13.42	16.40
	方案 2	按流域面积比例分水规则	10.26	19.56
	方案 3	按实际产水比例分水规则	18.84	10.97
	方案 4	按流域内人口分水规则	13.73	16.09
	方案 5	按实际用水量比例分水规则	18.38	11.44
20%	方案 1	平均分水规则	10.73	19.08
	方案 2	按流域面积比例分水规则	8.21	21.61
	方案 3	按实际产水比例分水规则	15.08	14.74
	方案 4	按流域内人口分水规则	10.98	18.83
	方案 5	按实际用水量比例分水规则	14.70	15.12

（三）不同分水方案对比分析

综合各方案，在没有妥协的情况下，上游地区耗水量的范围为 11.40 亿～20.94 亿 m³，其中方案 3 按实际产水比例分水时上游地区耗水量可达 20.94 亿 m³，方案 2 按流域面积比例分水时上游地区耗水量只有 11.40 亿 m³。此外，在上游地区向下游地区妥协 20％的水量情况下，双方按方案 3（按实际产水比例分水）分水时，上游地区仍然能够得到 15.08 亿 m³ 的耗水上限。由此可见，上游地区就河流分水问题实行方案 3 最为有利，在下游地区难以接受此方案时，可以再提出向下游妥协 10％～20％水量的方案。

（四）不同分水情景下和谐度计算及评价

为了对分水方案做出正确的评价，这里引用和谐度方程来进行计算。

1. 假定按人口比例分水规则

根据这种规则计算，上游地区耗水量为 15.26 亿 m³，下游地区耗水量为 14.56 亿 m³。如果按照这一规则，在这种情况下和谐度为 1，是最和谐的。但也可能在实际分水时上下浮动，下面假定多种情景，分别对和谐状况进行评价。

首先，根据和谐目标，给出和谐系数 i 的函数。针对本问题，要求上、下游消耗水量的最大值之和不得大于某一值。假定上游地区、下游地区增加的实际消耗水量分别为 Q_{A1}、Q_{A2}，则 $X = Q_{A1} + Q_{A2}$。X_1 是允许人类活动消耗水量的最大值（$X_1 = 29.82$），超出 X_1 后就会带来影响，假设影响范围是 X_1 的 20％（即 $X_2 = 35.78$）。和谐系数 i 采用图 3-2（b）曲线，其中 $X_1 = 29.82$，$X_2 = 35.78$。

其次，确定不和谐系数 j 的函数，采用图 3-3（e）的曲线形式，即 $j = 1$。

最后，计算统一度 a 和分歧度 b。统一度 a 的计算，用"按照和谐规则计算的上游地区和下游地区总耗水量"除以"实际总耗水量"。分歧度采用简便算法：$b = 1 - a$。

拟定 5 种情景，分别计算其和谐度，见表 14-3。按照人口比例分水规则，充分考虑可利用水量，计算的最优方案是上游地区耗水量为 15.26 亿 m³，下游地区耗水量为 14.56 亿 m³。此外，情景 2 为基本和谐状态，也是可以接受的，其对应的上游地区耗水量为 15.16 亿 m³，下游地区耗水量为 14.66 亿 m³。但当上游地区耗水量增加到情景 3 时（17.16 亿 m³），和谐状态就降至较和谐，可以看出，上游地区耗水量不宜超过 17 亿 m³。当然，从上游地区自身利益来说，其耗水量也不宜低于 14 亿 m³（如情景 1）。

表 14-3　　　　　　　　　按人口比例分水规则不同情景下的和谐评估

情　　景	情景 1	情景 2	情景 3	情景 4	情景 5	最优方案
上游地区耗水量/亿 m³	13.16	15.16	17.16	19.16	21.16	15.26
下游地区耗水量/亿 m³	16.66	14.66	12.66	10.66	8.66	14.56
a	0.8623	0.9934	0.8695	0.7321	0.5948	1
b	0.1377	0.0066	0.1305	0.2679	0.4052	0
i	1	1	1	1	1	1
j	1	1	1	1	1	1
HD	0.72	0.99	0.74	0.46	0.19	1
和谐等级	较和谐	基本和谐	较和谐	接近不和谐	基本不和谐	完全和谐

2. 假定按平均分水规则

根据这种规则计算，上游地区耗水量为 14.91 亿 m³，下游地区耗水量为 14.91 亿 m³。如果按照这一规则，在这种情况下和谐度为 1，是最和谐的。但也可能在实际分水时上下浮动，下面假定多种情景，分别对和谐状况进行评价。具体计算方法与前面相同，这里不再赘述。

拟定 5 种情景，分别计算其和谐度，见表 14-4。按照平均分水规则，充分考虑可利用水量，计算的最优方案是上游地区耗水量为 14.91 亿 m³，下游地区耗水量为 14.91 亿 m³。此外，情景 2 为基本和谐状态也是可以接受的，其对应的上游地区耗水量为 15.16 亿 m³，下游地区耗水量为 14.66 亿 m³。但当上游地区耗水量增加到情景 3 时（17.16 亿 m³），和谐状态就降至较和谐，可以看出，上游地区耗水量不宜超过 17 亿 m³。当然，从上游地区自身利益来说，其耗水量也不宜低于 14 亿 m³（如情景 1）。这一结论与"按人口比例分水规则"一致。

表 14-4　　　　　　　　　　按平均分水规则不同情景下的和谐评估

情　景	情景 1	情景 2	情景 3	情景 4	情景 5	最优方案
上游地区耗水量/亿 m³	13.16	15.16	17.16	19.16	21.16	14.91
下游地区耗水量/亿 m³	16.66	14.66	12.66	10.66	8.66	14.91
a	0.8825	0.9834	0.8492	0.7151	0.5809	1
b	0.1175	0.0166	0.1508	0.2849	0.4191	0
i	1	1	1	1	1	1
j	1	1	1	1	1	1
HD	0.76	0.97	0.70	0.43	0.16	1
和谐等级	较和谐	基本和谐	较和谐	接近不和谐	基本不和谐	完全和谐

（五）对开发利用规模和方案的综合建议

通过上述方案的计算和分析，为了地区（或国家）间睦邻友好，为了保护河流健康和水资源可持续利用，对开发利用规模和方案提出以下建议：

（1）要适度控制开发规模，保证水资源利用量不得超过水资源可利用量，以保障河流和湖泊生态环境不受破坏。为了实现这一目标，需要上下游共同努力。

（2）综合以上分析，建议上游地区、下游地区开发所消耗的总耗水量规模分别为 14 亿～17 亿 m³ 和 13 亿～16 亿 m³。这种开发方案既不会引起下游生态环境显著恶化，也照顾到上、下游地区的用水需求，满足上、下游地区之间的用水和谐。

（3）紧跟世界潮流，倡导上下游和谐、人类用水与自然和谐的理念，制订和谐的分水方案，促进人与自然和谐、构建和谐的国际发展环境。

第四节　黄河分水方案计算及结果分析

一、问题的提出

黄河流经 9 个省（自治区、直辖市），如何分好黄河水这一硕大"蛋糕"一直是备受争议的难题。为了缓解黄河流域水资源供需矛盾以及黄河断流情况，1987 年中国首次批准了以 1980 年实际用水量为基础、综合考虑各地区用水需求及发展规模的黄河可供水量分配方案，称为"八七"方案；该方案是中国针对大江大河的第一个跨界河流分水方案，有效平衡了河道外各地区的用水，是保护、开发、利用黄河水资源以及促进流域水资源管理的基本依据。

但是，自"八七"方案实施以来到 2019 年已有 30 多年，各地区也发生了翻天覆地的变化，况且该方案明确指出是以 1980 年实际的用水量为基础，适用于南水北调工程生效前，与目前流经的青海、四川、甘肃、宁夏、内蒙古、陕西、山西、河南、山东以及河北、天津的用水格局不相匹配。因此，在跨界河流分水理论方法的基础上，根据目前用水现状、综合考虑各种影响因素，制订出切实可行的新的黄河分水方案至关重要。但从目前情况看，黄河分水"八七"方案急需要调整却又难以进行。为此，笔者带领的团队在文献 [3] 中，总结跨界河流分水思想、原理及规则，提出一套系统的跨界河流分水计算方法，即"基于分水思想-分水原理-分水规则的多方法综合-动态-和谐分水方法"（简称 SDH 方法）；在此基础上，应用该理论方法并充分考虑黄河流域实际和广大科技工作者的智慧，计算得出黄河分水新方案（简称为"19ZQT"分水方案）。本节内容主要引自文献 [3]。

二、分水思想

1. 可承载分水思想

跨界河流分水首先要保证水资源可承载，因此，"可承载"是分水工作的主要指导思想。跨界河流水量分配对于生态环境的良性发展，既可能是助推剂，也可能是绊脚石，其主动权在于人，在可承载范围内开发利用水资源是跨界河流水量分配最基本的要求。对有限的水资源进行水量分配是人文系统与水系统相互联系的关键一步，需协调生活生产用水与生态系统良性循环之间的平衡；对于河流水资源不能无限制开采，同时也需要人们的爱护，以达到合理用水、创造美好环境的目的。

2. 和谐分水思想

具体表现在分水上要贯彻和谐思想，进行合理的河流水量分配，走和谐发展道路。分水要合理、有度，地区经济社会发展不能以牺牲周边生态环境为代价，以水定产、适水发展为核心。跨界河流水量分配不是依据某一要素进行分配，更不是随意分配，而是以实际发展规模、用水需求为基础，综合考虑各种影响因素，达到发展与需求相匹配，实现经济社会与生态环境的共同促进与协调发展。

3. 公平分水思想

跨界河流分水是一件非常严肃的事情，必须坚持公平公正的分配原则。当然，这里的公平分水并不是平均分水，而是基于多种影响因素下的分水，是自身用水不能影响其他地区用水的水资源分配。坚持公平分水思想就是要做到沿岸各地区以公平合理的方式开发利用跨界河流水资源，不仅要避免过度开采水资源，还要重视对水资源的高效利用，不能浪费水资源，要从实际用水需求出发，最终实现公平合理用水和水资源高效利用。

4. 共享用水思想

"公共性"是水资源的基本特性之一，跨界河流的沿岸各地区都享有对该河流水资源开发利用的权利，人人都有共享水资源的基本需求。跨界河流并不属于某一国家或地区所有，因此，对于跨界河流的水资源利用要坚持共享用水思想，以实现有限水资源下各方利益的最大化。综合考虑参与分水的各个国家或地区，全面调查、深入研究、科学预测，最终制订出一套公平、合理的河流水资源分配方案，形成互惠互利、共同发展的良好关系。

5. 系统分析思想

跨界河流水量分配是水资源管理工作中的一部分，是一个复杂的系统工程。因此，分水工作要坚持系统分析思想，统筹考虑上下游、左右岸、干支流以及各地区发展，从经济、实用等角度系统考虑全流域可供水量和干支流径流量、取水工程和取水用途、发展规模和长期规划，做到合理取水和用水，既要开发又要保护，在保护中谋发展，在发展中求保护。

三、分水规则

分水规则是在分水思想指导下制定的一系列分水依据，指导着分水方法的实施。要想做好跨界河流分水，必须做到以下两点：一是参考和借鉴目前已有的跨界河流分水经验；二是各分水国家或地区经过反复协商，达成一致意见。综合考虑各种因素和以往的经验，总结主要有以下分水规则：

（1）按照原分水方案分水。现状分水方案是从实施到目前正在执行的方案，该方案是基于前期深入细致的基础性工作，经过专家论证、全面协调得出的，长期以来经受住历史的考验，发挥一定的作用。因此，按照原现状分水方案在一定程度上也是一个办法。

（2）随可分配水量变化而同比变化。一般来讲，河流径流量存在或多或少的年际变化，有些河流甚至受气候变化和人类活动影响导致径流量减少，因此，为了保障水资源合理利用、防止河流断流、满足生态基流需求，在分水时应考虑可分配水量的变化。跨界河流分水可以以平水年为基准，计算得出分水方案，再根据来水径流量变化确定相对于平水年的调节系数，按同比例进行计算。

（3）考虑最小需水和用水效率约束。为了保护河流生态系统健康循环，必须考虑河流最小需水约束，满足生态环境用水的需求。此外，还要考虑人的最基本生存需求，分配的水量要高于合理的最小需水量。同时，也要考虑用水效率，不能过于浪费，严格控制在一定的用水红线范围内。

（4）按照现状用水并考虑未来用水分水。目前的跨界河流分水多以实际用水需求为基础，以最近的某一年为基准年，另外根据长期规划结合未来发展情况确定具体分水量。这样才能避免因为各种因素影响导致的用水偏差，更能贴合实际，有效缓解用水不足和浪费水资源的现象。

（5）按照实际用水人口比例分水。人口是经济社会规模的主要指标之一，也是影响甚至决定用水规模的主要指标之一。随着地区人口的增加，用水需求也在不断增大，因此按照实际用水人口比例分水也是重要的一方面。该规则是沿岸各地区在保证河流生态环境保护目标的条件下，按照各地区的人口数量分配水量。

（6）按照地区GDP比例分水。GDP是一个地区经济发展规模的主要指标之一，也是影响地区总生产用水量大小的重要指标。因此，考虑地区生产发展的需求，可采用在保证河流生态环境保护目标的条件下，按照各地区的GDP比例分配水量。

（7）按照地区流域面积或产水量分水。为了体现不同区域对流域产水的贡献大小，采用流域面积或产水比例分水也较为合理、公平。该规则是沿岸各地区在保证河流生态环境保护目标的条件下，按照各地区境内的流域面积或产水比例分配水量。

（8）按照总体和谐度最大分水。跨界河流水量分配坚持和谐分水思想，针对河流水资源的开发利用，综合协调上下游、左右岸、干支流的需水问题，避免因争水而激化矛盾。可根据取水用途、地理位置、人均用水量等因素合理分配水量，促进河流水资源的有序开发，实现总体和谐度最大。

四、分水计算方法

目前，国内外跨界河流分水方法主要有：按流域内国家或区域数量平均分配水量、按流域面积或产流量比例分配水量、按流域内人口比例分配水量、协商分水方法以及其他分水方法。基于上面提出的分水思想、分水原理、分水规则，在参考以往跨界河流分水方法的基础上，采用简便易行的分水思路，总结提出跨界河流分水计算方法和详细过程，叙述如下。

（一）按照规则计算得到各要素下分水方案

（1）按照原分水方案分水。即不需要再重新计算。

（2）按照现状用水并考虑未来用水分水。

$$Q_{kp} = \omega Q_{现状k} + (1 - \omega)Q_{未来k} \tag{14-12}$$

式中：Q_{kp} 为第 k 个地区第 p 种分水方案下的分水量，k 为地区编号，$k = 1，2，\cdots，n$，$p = 2$（代表规则2）；ω 为现状用水的调节系数；$Q_{现状k}$ 为现状用水量；$Q_{未来k}$ 为考虑未来发展规模得到的未来用水量。

本节在计算黄河分水方案时采用 $\omega = 0.5$，即现状用水量和未来用水量各占一半的比重。当然，也可以调整 ω 值大小以区别其重要程度。

（3）按照实际用水人口比例分水。

$$Q_{kp} = \frac{P_k}{P_{总}} Q^1_{总可分} \tag{14-13}$$

式中：P_k 为第 k 个地区的实际用水人口数；$P_{总}$ 为该流域内总的实际用水人口数；$Q^1_{总可分}$ 为可分配水量；$p = 3$（代表规则3）；其他符号含义同前。

（4）按照地区 GDP 比例分水。

$$Q_{kp} = \frac{G_k}{G_{总}} Q^1_{总可分} \tag{14-14}$$

式中：G_k 为第 k 个地区的 GDP；$G_{总}$ 为该流域内总 GDP；$p = 4$（代表规则4）；其他符号含义同前。

（5）按照地区流域面积比例分水。

$$Q_{kp} = \frac{S_k}{S_{总}} Q^1_{总可分} \tag{14-15}$$

式中：S_k 为第 k 个地区的流域面积；$S_{总}$ 为该流域内总的流域面积；$p = 5$（代表规则5）；其他符号含义同前。

（6）按照总体和谐度最大分水。

$$HD = ai - bj \tag{14-16}$$

其中
$$a = \frac{\sum_{k=1}^{n} G_k}{\sum_{k=1}^{n} A_k} ; b = 1 - a$$

式中：HD 为某一因素所对应的和谐度，这里的因素可以是实际用水量、人均用水量等；a、b 分别为统一度、分歧度；A_k 为第 k 个地区的和谐行为，即实际用水量；G_k 为第 k 个地区符合和谐规则的和谐行为，即不超过分配水量下的用水量；公式（14-16）中 i、j 分别是和谐系数、不和谐系数，采用文献［1］中给定的函数曲线计算。

（二）考虑动态变化进行动态校正——随可分配水量变化而同比变化

$$Q_k^1 = Q_k^0 \frac{Q_{总可分}^1}{Q_{总可分}^0} \qquad (14-17)$$

式中：Q_k^1 为随可分配水量而变的新的分水方案；Q_k^0 为原分水方案；$Q_{总可分}^0$ 为原可分配水量；$Q_{总可分}^1$ 为变化后的现可分配水量。

（三）考虑各区域用水约束进行校正——考虑最小需水和用水效率约束

$$Q_{最小需} \leqslant Q_k \leqslant Q_{最大需} \qquad (14-18)$$

式中：$Q_{最小需}$ 为满足地区生态、生活和生产的最小需水量；$Q_{最大需}$ 为在用水效率定额控制下的最大需水量；Q_k 为第 k 个地区的分配水量。

（四）计算确定分水方案

（1）采用专家咨询法确定各分水方案的综合权重 u_p。为了广泛综合不同学者的意见，笔者利用水科学 QQ 群、水科学微信群、黄河论坛专家微信群进行统计分析，共收到 180 份调查问卷，并考虑笔者的研究结论，最终得到 6 个分水规则的权重，分别为 0.170、0.255、0.130、0.090、0.080、0.275。当然，针对不同的河流，可以采用类似的方法得到具体的权重。

（2）计算得到第 k 个地区的分配水量：

$$Q_k = \sum_{p=1}^{6} u_p Q_{kp} \qquad (14-19)$$

式中：p 为规则编号，$p=1, 2, 3, 4, 5, 6$。

（3）再判断可分配水量是否变化，如果变化，按同比变化计算得到新的 Q_k。

（4）再判断 Q_k 是否满足最小需水和用水效率约束。

如此计算得到分水方案，示意如图 14-2 所示，该方法可概括为一种基于分水思想、分水原理及分水规则，综合考虑自然要素及人文要素，协调人水关系的动态的、和谐的跨界河流水量分配方法，把这种分水方法称为"基于分水思想-分水原理-分水规则的多方法综合-动态-和谐分水方法"，简称为"SDH 方法"（Synthetic - dynamic - harmonious Water Allocation Method）。

五、黄河分水新方案计算及结果分析

（一）数据来源

根据计算需要，从黄河水资源公报及各地市统计年鉴等途径搜集到的黄河流域各地区

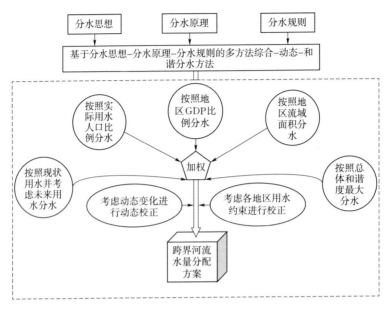

图 14-2　跨界河流分水计算流程及方法

原始数据见表 14-5，其中黄河流域各地区 2030 年预测用水量主要依据《实行最严格水资源管理制度考核办法》中用水总量控制目标，并结合各地区水资源综合规划及水资源公报数据得到。

表 14-5　　　　　　　　　　黄河分水新方案计算原始数据

关键指标＼地区	青海	四川	甘肃	宁夏	内蒙古	山西	陕西	河南	山东	河北与天津
2008 年用水量/亿 m³	13.82	0.24	34.46	41.76	75.24	33.18	46.95	54.22	76.37	7.30
2009 年用水量/亿 m³	12.54	0.25	33.91	40.76	81.03	32.19	45.21	57.77	80.25	8.66
2010 年用水量/亿 m³	12.07	0.25	34.30	38.49	80.96	35.25	43.93	58.18	81.28	10.15
2011 年用水量/亿 m³	12.15	0.24	37.21	40.27	83.14	39.03	45.37	65.30	84.96	13.60
2012 年用水量/亿 m³	10.09	0.26	36.55	41.31	76.51	39.42	49.53	70.75	87.90	6.80
2013 年用水量/亿 m³	10.56	0.36	34.70	42.67	85.45	40.60	51.30	70.45	87.19	3.47
2014 年用水量/亿 m³	10.50	0.33	33.97	42.55	83.67	40.89	51.14	63.26	98.37	6.38

续表

地区 关键指标	青海	四川	甘肃	宁夏	内蒙古	山西	陕西	河南	山东	河北与 天津
2015 年用水量 /亿 m³	10.78	0.34	33.26	42.50	79.34	43.47	51.63	60.93	104.61	5.19
2016 年用水量 /亿 m³	11.24	0.24	33.43	39.85	76.23	44.65	51.10	60.46	91.99	3.71
2017 年用水量 /亿 m³	11.17	0.21	33.78	40.95	74.97	44.79	52.68	65.32	90.92	2.30
预测 2030 年用 水量/亿 m³	19.96	0.52	41.80	87.59	120.23	67.63	83.01	81.74	130.19	6.10
人口总数 /万人	598.58	94.01	2318.52	681.78	1265.76	3702.39	3203.77	4397.27	5408.92	—
生产总值 GDP/亿元	2656.53	295.16	5987.29	3490.61	11204.35	14911.15	19383.97	26668.66	36479.96	—
流域面积 /万 km²	15.22	1.70	14.32	5.14	15.10	9.71	13.33	3.62	1.36	—

（二）按照规则分水

黄河"八七"分水方案确定的黄河可供水量为 370 亿 m³，本节先对黄河可供水量 370 亿 m³ 进行各省（自治区、直辖市）之间的合理分配；可供水量如有调整，也可按照动态校正公式得出各省区对应的分水量。本节计算时以 2017 年为现状用水年；计算和谐度时以近 10 年用水量为原始数据，根据和谐度大小调整"八七"分水方案中各地区用水量，以达到总体和谐度最大。

首先，按照第①、②方案分别计算得到河北和天津的分水量，见表 14-6，按照第①、②方案权重分别为 0.40、0.60 计算，得到河北与天津的最终分水量为 9.76 亿 m³；其次，将剩余的可供水量 360.24 亿 m³ 按照 6 个方案分配给流域内 9 个省（自治区、直辖市），结果见表 14-7；最后，根据 6 个分水规则的权重（分别为 0.170、0.255、0.130、0.090、0.080、0.275），计算出各省区最终的分水量及与原方案对比变化量，结果见表14-8。

表 14-6		第①、②方案下的分水量								单位：亿 m³
分水方案	青海	四川	甘肃	宁夏	内蒙古	山西	陕西	河南	山东	河北与 天津
①按照"八七" 分水方案分水	14.10	0.40	30.40	40.00	58.60	43.10	38.00	55.40	70.00	20
②按照现状用水并 考虑未来用水分水	10.92	0.26	26.49	45.04	68.40	39.39	47.55	51.53	77.48	2.94

表14-7   6个分水方案下的分水量   单位：亿 m³

分水方案＼地区	青海	四川	甘肃	宁夏	内蒙古	山西	陕西	河南	山东	合计
①按照"八七"分水方案分水	14.51	0.41	31.29	41.17	60.32	44.36	39.11	57.02	72.05	360.24
②按照现状用水并考虑未来用水分水	10.71	0.25	25.99	44.21	67.13	38.66	46.67	50.58	76.04	360.24
③按照实际用水人口比例分水	9.95	1.56	38.54	11.33	21.04	61.55	53.26	73.10	89.91	360.24
④按照地区 GDP 比例分水	7.90	0.88	17.81	10.39	33.34	44.36	57.67	79.35	108.54	360.24
⑤按照地区流域面积比例分水	68.97	7.70	64.89	23.29	68.42	44.00	60.40	16.40	6.17	360.24
⑥按照总体和谐度最大分水	9.99	0.21	32.94	38.12	74.25	31.88	43.51	53.70	75.64	360.24

表14-8   370亿 m³ 水量下的黄河分水新方案最终计算结果

地区	青海	四川	甘肃	宁夏	内蒙古	山西	陕西	河南	山东	河北与天津	合计
分配水量/亿 m³	15.47	1.09	32.81	33.03	59.00	41.68	47.46	55.31	74.39	9.76	370
与"八七"分水方案对比/亿 m³	+1.37	+0.69	+2.41	-6.97	+0.40	-1.42	+9.46	-0.09	+4.39	-10.24	0

（三）动态调整分水量

该分水方案是动态的，随可分配水量变化而同比变化，因此可根据公式（14-17）进行动态校正。这里仅以黄河可分配水量 300 亿 m³ 作为一个例子进行简单说明，其计算结果见表14-9，如果可分配水量不是 300 亿 m³，同样可以采取类似思路进行计算和判断。

表14-9   300亿 m³ 水量下的黄河分水新方案最终计算结果

地区	青海	四川	甘肃	宁夏	内蒙古	山西	陕西	河南	山东	河北与天津	合计
分配水量/亿 m³	12.54	0.88	26.60	26.78	47.84	33.80	38.48	44.85	60.32	7.91	300

（四）结果分析

从表14-8中可以看出，分水量最大的 3 个地区依次是山东、内蒙古、河南，3 个地区分水量超过了总分配水量的一半；而四川、河北与天津、青海分水量较少，还不到总分配水量的 10%；其他地区差别不大。

与"八七"分水方案对比，新方案下分水量变化较大的是河北与天津、陕西、宁夏，其他地区变化不大。黄河的源头位于青海，四川和甘肃处于黄河流域的上游，区域面积较大，有进一步发展空间，分水量在原方案基础上有所增加。宁夏位于黄河上游，面积较小，考虑到其实际用水人口及地区生产总值相对较少，适当压缩了宁夏分配水量。内蒙古位于黄河上游，以农业灌溉用水为主兼顾工业发展，用水量大，分配水量在原基础上稍微增加。由于山西地处山区，地势较高，利用水困难，且该地区河流众多，水资源较丰富，根据历年实际用水情况，水量指标并没有用完，分水量在原基础上有所减少。根据陕西近几年实际用水情况，用水量较大，实际用水人口多、地区生产总值也较大，增加了分水量。河南和山东都是用水大户，两者实际用水量长期超过其分水指标，对整个黄河流域的生态系统及社会发展都会产生一定的影响，山东作为经济大省正处于发展的关键时期，山东分配水量有所增加；而综合考虑河南整体情况，其分水量基本保持不变。河北和天津整体用黄河水少，其实际用水长期以来远小于分水指标，分水量大幅降低。

根据分水方案中各省区的分水量，可以清晰看出各省区分水的相对大小，而确定分水方案并不是由某一要素决定，而是综合多种要素，协调各省区用水，最终得到相对合理的分水方案。分水方案并不是一成不变的，如遇丰水年、枯水年或修建调水工程等特殊情况，为了避免发生洪涝灾害及干旱甚至断流现象，分配水量需根据实际情况进行动态调整，比如，黄河可分配水量由 370 亿 m^3 变为 300 亿 m^3，也可按照相应准则进行计算，得到新的分水方案。

本节采用全新的思路对黄河分水方案进行重新研究，得到新的分水方案和动态的分水计算思路。为了便于与黄河"八七"分水方案对比，以及与其他单位或学者可能制定的分水方案对比，把此分水方案称为"19ZQT"分水方案。

参 考 文 献

[1] 左其亭. 和谐论：理论·方法·应用 [M]. 2 版. 北京：科学出版社，2016.
[2] 左其亭. 国际河流分水的和谐论理念及计算模型 [C] //戴长雷，吴敏，李治军，等. 第八届中国水论坛论文集——农业、生态水安全及寒区水科学. 北京：中国水利水电出版社，2010.
[3] 左其亭，吴滨滨，张伟，等. 跨界河流分水理论方法及黄河分水新方案计算 [J]. 资源科学，2020，42（1）：37－45.

第十五章 基于人水和谐论的最严格 水资源管理制度体系

针对日益严峻的人水矛盾和水资源短缺问题，我国政府于 2001 年提出了人水和谐的治水思想，于 2009 年提出了实行最严格水资源管理制度，于 2014 年开始在全国范围内进行"三条红线"考核。最严格水资源管理制度是我国创新提出的一种水资源管理模式，其基本指导思想包括人水和谐思想。那么，如何辨析最严格水资源管理制度与人水和谐思想之间的关系，如何把人水和谐论应用于最严格水资源管理制度研究中？针对此问题，笔者主持完成了国家社会科学基金重大项目《基于人水和谐理念的最严格水资源管理制度体系研究》（项目编号：12&ZD215；结项证书号：2016&J017），提出了基于人水和谐论的最严格水资源管理制度的核心体系，包括技术标准体系、行政管理体系、政策法律体系，出版了《最严格水资源管理制度研究：基于人水和谐的视角》一书[1]。本章主要内容引自文献［1］，用和谐论解读最严格水资源管理制度，介绍基于人水和谐论的最严格水资源管理制度的核心体系，简要介绍人水和谐论在最严格水资源管理制度中的应用，其他详细内容可参见文献［1］。

第一节 最严格水资源管理制度的提出及和谐论解读

一、最严格水资源管理制度的提出

（一）提出背景

最严格水资源管理制度是我国新时期水利改革发展形势下提出的一种在全世界范围内具有创新性的水资源管理模式。当然，其提出过程并不是一蹴而就的，而是经历了一个发展过程，具有一定的渊源和目前特殊的背景。归纳起来，其提出背景主要表现在以下几方面。

（1）我国人多水少、人水矛盾突出，水资源已成为制约经济社会发展和生态系统良性循环的重要瓶颈。这是提出实行最严格水资源管理制度的内在原因。总体来看，我国水资源总量大、人口多，人均占有量少，且时空分布极不均匀；水资源分布与经济社会发展格局不相匹配，人水矛盾突出。据水利部统计，我国年平均水资源总量约为 2.8 万亿 m³，人均水资源量约为 2100m³，略大于世界人均水资源量的 1/4，不足 1/3。此外，我国幅员辽阔，面积约 960 万 km²，居世界第 3 位，平均单位国土面积水资源量也较低；由于地形、地貌、气候等条件的差异，导致我国水资源空间分布不均，与我国人口和耕地资源分布不相匹配，有碍于水土资源的合理利用和经济社会的发展。

总体来看，水资源已严重制约我国经济社会发展，已成为影响生态系统良性循环的重要因素，甚至有些地区是制约经济社会发展和生态系统良性循环的最主要瓶颈。据统计，目前在我国黄淮海和内陆河流域地区，有 11 个省（自治区、直辖市）的人均水资源量低于国际公认的水资源短缺警戒线 1760m³。北京、天津、山西、河北、河南、山东、宁夏等省（自治区、直辖市）的人均水资源量低于 500m³ 的水资源严重短缺警戒线。

针对水资源的严重瓶颈问题，只有采取比以往水资源管理更加严厉的管理措施，从多方面入手，加强管理，缓解人水矛盾，走可持续发展之路，才能实现人水和谐。

（2）最近一些年出现的干旱灾害、水污染事件集中且严重，且有日趋加重之势，给我国带来极大的挑战。这是迫使政府痛下决心实行最严格水资源管理制度的外在动力。2009—2011 年全国干旱比较严重，比如，北方冬麦区 30 年罕见秋冬连旱、南方 50 年罕见秋旱、西藏 10 年罕见初夏旱，另外还有河南、湖南、湖北、广西等大旱；云南连续遭遇百年一遇的全省特大旱灾。

水污染事件较多。2008 年，淮河流域大沙河砷污染事件：河南省商丘市民权县成城化工有限公司超标排放含砷废水，导致大沙河（跨河南、安徽两省的河流）砷浓度严重超标；云南富宁县交通事故引发水污染：一辆装载 33.6t 危险化学品粗酚溶液的车辆从高速公路上侧翻，粗酚溶液泄漏流入者桑河（那马河的支流），造成者桑河、那马河及百色水库库尾水体严重污染。2009 年，陕西凤翔县儿童血铅超标事件：因冶炼公司排放污水，导致周边村儿童铅超标，带来严重的身体健康影响；陕西汉阴尾矿库塌陷事件：黄龙金矿尾矿库排洪涵洞尾部发生塌陷，尾矿泄漏，导致附近的青泥河水体受到严重污染。2010 年，陕西洛川县千余吨污油泥泄漏事件：陕西洛川县一污油泥处理厂回收池发生泄漏事故，千余吨污油泥顺山沟而下，部分流入洛河造成水体污染；福建紫金矿溃坝事件：福建紫金山铜矿湿法厂发生酮酸水泄漏事故，造成汀江部分水域重金属污染严重；吉林化工用桶污染事件：吉林市两家化工厂的库房被洪水冲毁，7000 只左右装有三甲基一氯硅烷的原料桶被冲入松花江，造成市民抢购矿泉水。2011 年，杭州苯酚槽罐车泄漏事件：导致泄漏的苯酚随雨水流入新安江，造成水体污染，导致杭州市民疯狂抢购矿泉水；四川涪江锰矿水污染事件：四川岷江电解锰厂渣场挡坝被山洪损毁，矿渣流入涪江，造成河流水质锰和氨氮超标。

这些严重的水污染灾害，带来了严重的经济损失甚至影响人民生命安全，对我国人民生活、生产和生态环境带来严峻威胁，已经成为国家安全的重要关注方面。这些残酷的事实，迫使政府痛下决心，借鉴最严格土地资源管理制度的经验，提出实行最严格水资源管理制度。

（3）我国水资源管理手段还比较落后，有些甚至比较松懈，管理效果不佳。因此，客观需要采取更加严格的水资源管理制度。自新中国成立以来，我国水资源开发利用成就显著，极大地支撑经济社会发展。然而，由于我国地大物博、人口众多，新中国成立前经济社会发展水平远落后于西方发达国家，新中国成立初期百废待兴，经济与社会制度和秩序还有待尽快建立，所以，水资源管理的制度建设和管理水平都相对比较落后，甚至跟不上经济社会的发展速度，远满足不了需求。尽管在 20 世纪后期和 21 世纪初期，国家加大对水资源的管理，在很大程度上取得了显著成效，但总体来看，我国水资源管理手段仍较落后，管理水平不高。出现的一系列水问题，其原因可能很多，其中包括水资源管理水平不足。因此，为了改变目前的状况，迎头赶上先进国家发展水平，解决日益严峻的水问题，必须采取超乎一般发展历程的更加严厉的水资源管理措施。

（4）水资源短缺、水资源利用方式粗放、水体污染严重等问题同时存在，急需要以"红线"的形式明确指出水资源利用、用水效率和污染物排放的"一揽子"管控目标。伴随着我国经济社会快速发展，水资源短缺、水资源利用方式粗放、水体污染严重等问题同时存在且日益突出。

据水利部统计结果分析，目前我国年平均缺水量超过 500 亿 m^3，缺水城市约有 400 多个，大致占全国城市总数量的 2/3。黄河水量不足，海河枯竭，很多地区水资源利用率超过 100%（比如，2007 年海河流域为 135%，石羊河、黑河分别为 154%、112%），水资源短缺已成为制约经济社会发展的重要因素。

尽管我国水资源短缺问题比较严重，但同时又存在水资源利用效率较低、水资源浪费严重的现象。在农业用水方面，由于受到技术和经济等因素的影响，我国的农业用水效率总体水平较低，2014 年农田灌溉水有效利用系数仅 0.53 左右（部分地区达到 0.6），远低于世界领先水平 0.7~0.8；在工业用水方面，近年来随着经济结构的调整和节水技术的推广，我国工业用水效率不断提高，2014 年万元工业增加值用水量 59.5m^3/万元，远高于发达国家（约 3~4 倍）；在城市生活用水方面，我国多数城市自来水管网跑、滴、冒、漏损失率达到 15%~20%，存在着严重的浪费现象。

此外，随着经济社会快速发展，入河污染物排放总量不断增加，导致水体污染严重。据水利部 2014 年统计数据显示，海河、黄河、淮河和太湖流域的 50% 以上河段水质低于 Ⅲ 类水质标准；在全国范围内，水质劣于 Ⅲ 类水的河长占 27.2%，水功能区水质达标率仅为 51.8%。同时，由于污废水的大量排入，水体中氮、磷、钾的含量急剧增加，导致湖泊水体富营养化严重，其中 75% 的湖泊出现不同程度的富营养化现象。水体污染已经对地区食品安全、饮水安全、人民生命安全构成严重威胁。

水资源系统是一个与经济社会系统紧密联系的十分复杂的巨系统，水问题不是一个单纯的某一方面问题，而是一个系统问题。因此，解决某一水问题不能"就水论水"，也不能"就问题解决问题"，需要系统考虑、综合治理。为了从根本上缓解人水矛盾、解决我国日益严峻的水问题，基于我国基本的国情和水情，归纳总结以往水资源管理的经验和教训，我国政府创造性地提出了最严格水资源管理制度。该制度从源头管理、过程管理、末端管理 3 个阶段进行用水总量控制、用水效率控制、排污总量控制，系统应对水问题。

（二）提出经过

从 2009 年提出最严格水资源管理制度到 2014 年在全国范围内全面实施，经历了一个快速发展的历程。

2009 年 1 月，全国水利工作会议上提出"从我国的基本水情出发，必须实行最严格的水资源管理制度"，这是我国在公开场合首次明确提出最严格水资源管理制度的构想，标志着最严格水资源管理制度在我国正式拉开序幕。

2009 年 2 月，全国水资源工作会议上发表了题为"实行最严格的水资源管理制度，保障经济社会可持续发展"的报告，阐述了实行最严格水资源管理制度的意义和要求，明确指出要尽快建立并落实最严格水资源管理"三条红线"（即水资源开发利用控制红线、用水效率控制红线、水功能区限制纳污红线）。自此，最严格水资源管理制度进入了紧锣密鼓的准备阶段。

2010年12月31日，《中共中央　国务院关于加快水利改革发展的决定》文件（简称"2011年中央一号文件"）进一步明确提出和部署实行最严格水资源管理制度，并提出要建立用水总量控制制度、用水效率控制制度、水功能区限制纳污制度、水资源管理责任与考核制度"四项制度"，将严格水资源管理作为加快经济发展方式转变的战略举措，这是新中国成立62年（指到2011年）来中央一号文件中第一次关注水利改革发展问题，也表明了中共中央关于推进最严格水资源管理制度的决心。至此，最严格水资源管理制度正式进入国家管理层面。

2011年7月召开的中央水利工作会议上，再次强调"要大力推进节水型社会建设，实行最严格的水资源管理制度""把严格水资源管理作为加快转变经济发展方式的战略举措"。

2012年1月，国务院发布了《关于实行最严格水资源管理制度的意见》（国发〔2012〕3号）（简称"《意见》"）文件，从制度总体要求、重点任务和主要目标等方面对最严格水资源管理制度的实施做出了具体的安排和全面部署，明确提出了"三条红线"的短期、中期、长期目标以及"四项制度"的具体实施措施。至此，基本形成最严格水资源管理制度轮廓，并在国家层面具体部署实施。

2013年1月，国务院办公厅发布了《实行最严格水资源管理制度考核办法》（国办发〔2013〕2号）（简称"《考核办法》"），进一步明确实行最严格水资源管理制度的责任主体、考核对象、考核内容、考核方式等，具体布置相关考核事宜。至此，从国家层面已经完成具体落实最严格水资源管理制度的相关程序。

2014年1月，水利部等十部门联合印发了《实行最严格水资源管理制度考核工作实施方案》（水资源〔2014〕61号）（简称"《实施方案》"），对考核组织、程序、内容、评分和结果使用做出明确规定，明确指出要对全国31个省级行政区落实最严格水资源管理制度情况进行考核。至2014年1月，最严格水资源管理制度考核工作全面启动。

综述以上内容，从2009年1月提出最严格水资源管理制度到2014年在全国范围内全面实施，列举标志性事件，归纳总结见表15-1。

表15-1　　　　　　最严格水资源管理制度提出经过的标志性事件

序号	时间	具 体 内 容	贡献者
1	2009年1月	会议提出"从我国的基本水情出发，必须实行最严格的水资源管理制度"	全国水利工作会议
2	2009年2月	会议提出"实行最严格的水资源管理制度，保障经济社会可持续发展"	全国水资源工作会议
3	2010年12月	文件全面论述要"实行最严格的水资源管理制度"	2011年中央一号文件
4	2011年7月	会议提出"实行最严格的水资源管理制度，确保水资源的可持续利用和经济社会的可持续发展"	中央水利工作会议

续表

序号	时间	具 体 内 容	贡献者
5	2012年1月	发布《关于实行最严格水资源管理制度的意见》（国发〔2012〕3号），作为在全国范围内实施最严格水资源管理制度的纲领性指导文件	国务院
6	2013年1月	发布《实行最严格水资源管理制度考核办法》（国办发〔2013〕2号）	国务院办公厅
7	2014年1月	印发《实行最严格水资源管理制度考核工作实施方案》（水资源〔2014〕61号），标志着最严格水资源管理制度考核工作全面启动	水利部等十部门

二、最严格水资源管理制度主要内容概述

最严格水资源管理制度的主要内容是落实"三条红线"、建立"四项制度"。

（一）"三条红线"及实施目标

"三条红线"是相互联系的一个整体，是一个全面解决水问题的系统工程，不是偏向某一方面。"红线"意味着不可触碰、不可逾越的边界，具有一定的法律约束力。

"三条红线"是国家为保障水资源可持续利用，在水资源的开发、利用、节约、保护各个环节划定的管理控制目标，是应对水系统循环过程中"取水""用水""排水"3个环节出现的"开发利用总水量过大""用水浪费严重""排污总量超出承受能力"而进行的"源头管理""过程管理"和"末端管理"。其本质是在客观分析和综合考虑我国水资源禀赋情况、开发利用状况、经济社会发展对水资源需求等方面的基础上，提出今后一段时期我国在水资源开发利用和节约保护方面的管理目标，通过水资源的有序开发、高效利用和节约保护，实现人水和谐的目标。

在2012年国务院《意见》中，采用"用水总量、万元工业增加值用水量、农田灌溉水有效利用系数、水功能区水质达标率"四项指标来考核"三条红线"，并依次划定了其短期、中期、长期控制目标，提出的具体目标见表15-2。

表15-2　　　　最严格水资源管理制度"三条红线"目标值一览表

目标年	全国用水总量	万元工业增加值用水量	农田灌溉水有效利用系数	重要江河湖泊水功能区水质达标率
短期目标（到2015年）	6350亿m³以内	比2010年下降30%以上	0.53以上	60%以上
中期目标（到2020年）	6700亿m³以内	65m³以下	0.55以上	80%以上
长期目标（到2030年）	7000亿m³以内	40m³以下	0.6以上	95%以上

注　根据《国务院关于实行最严格水资源管理制度的意见》（国发〔2012〕3号）文件整理而成。

（二）"四项制度"及实施目标

"四项制度"是基于"三条红线"框架细化后的制度体系，是一个统一的整体，其中

前三项制度对应于"三条红线",是实现"三条红线"管控目标的重要保障,而水资源管理责任和考核制度又是实现前三项制度的基础保障。只有在明晰责任、严格考核的基础上,才能有效发挥"三条红线"的约束力,实现该制度的目标。

四项制度相互联系、相互影响,具有联动效应。任何一项制度缺失,都难以有效应对和解决我国目前面临的复杂水问题,难以实现"三条红线"控制。

总体目标是逐步建立并完善"四项制度",各项制度的实施目标分述如下:

(1)建立并完善用水总量控制制度,主要包括科学制定主要江河流域水量分配方案、流域和区域取用水总量控制方案,建立取用水总量控制制度;建立或完善建设项目水资源论证制度、取水许可审批制度、地下水管理和保护制度、水资源有偿使用制度,合理调整水资源费征收标准;建立并完善水资源统一调度制度,协调好生活、生产、生态用水,完善水资源调度方案、应急调度预案和调度计划。

(2)建立并完善用水效率控制制度,主要包括科学制定用水效率控制标准和控制方案,建立并完善节约用水管理制度、用水定额管理制度,制定节水强制性标准。

(3)建立并完善水功能区限制纳污制度,主要包括科学制定水功能区限制纳污控制方案,建立或完善水功能区监督管理制度、饮用水水源保护制度、饮用水水源应急管理制度、水生态补偿制度、水生态系统保护与修复制度。

(4)建立并完善水资源管理责任和考核制度,主要包括科学制定水资源管理责任和考核具体指标和方案,建立或完善最严格水资源管理考核制度。

三、最严格水资源管理制度与人水和谐的联系

人水和谐思想的本质是改善人水关系,解决人水矛盾,实现水系统和人文系统的长期协调发展。最严格水资源管理制度的目的是解决我国日益紧张的人水关系,实现水资源与经济社会的长期协调发展。二者有着密切的关系,分析有以下几方面。

(1)人水和谐与最严格水资源管理制度的目的都是相同的。人水和谐与最严格水资源管理制度都是在我国人水关系日益紧张的背景下提出的,其目的都是解决我国水资源问题,实现人水关系和谐发展。不同的是,人水和谐是一种指导思想,而最严格水资源管理制度是一项重要措施。

(2)人水和谐是实行最严格水资源管理制度必须始终坚持的基本原则和重要指导思想,也是实行最严格水资源管理制度的最终目标。

2011年中央一号文件明确指出,实行最严格水资源管理制度必须坚持人水和谐的基本原则。水资源开发利用必然会对水系统造成一定的损害,如果一味地强调水系统健康,大幅削减取用水量和排污量,必将导致经济社会发展的停滞甚至倒退。如果过度地开发利用水资源,超过其承载能力,必将导致水系统不可逆转的破坏,最终也将影响经济社会的发展。如何把握两者之间的这个"度",实现水系统健康与经济社会长期协调发展,需要以人水和谐思想为指导。

从最严格水资源管理制度的提出背景和核心内容不难看出,最严格水资源管理制度是在人水关系日益恶化、水资源问题日益突出的形势下提出的,是实现水资源合理开发、高效利用和有效保护的重要措施。作为其核心内容的"三条红线""四项制度",也都是围绕

着改善人水关系、实现人水和谐的目标提出的。因此，实行最严格水资源管理制度必须始终坚持人水和谐的基本原则，以实现人水和谐为最终目标。

（3）最严格水资源管理制度是人水和谐的具体体现和重要保障。人水和谐为我国水资源管理指明了大方向，具有重要的指导意义，但由于缺少具体实施措施，比较空泛，难以具体操作。最严格水资源管理制度划定了水资源开发利用控制、用水效率控制、水功能区限制纳污控制三条红线，分别从源头取水、过程用水和末端排水三方面保障取水和谐、用水和谐、排水和谐的实现。同时，最严格水资源管理制度又细分为用水总量控制、用水效率控制、水功能区限制纳污控制以及水资源管理责任与考核制度"四项制度"，从不同方面保障"三条红线"的落实，进而保障人水和谐目标的实现。

此外，最严格水资源管理制度在不同层面上，改善我国人水关系，保障人水和谐目标的实现。在宏观层面上，建立覆盖流域以及省、市、县三级行政区的"三条红线"控制指标体系和控制标准，建立最严格水资源管理问责与考核制度，改善流域和区域的人水关系。在微观层面，通过普及节水器具、建立水权交易平台等具体措施，落实人水和谐思想，改善局部的人水关系。

四、最严格水资源管理制度的和谐论解读

（一）最严格水资源管理制度中的和谐论思想

（1）最严格水资源管理制度是在理性认识人与人之间矛盾、人与水之间矛盾和人与自然之间矛盾的基础上提出来的，提出的目的就是为了解决多方参与者之间的矛盾，最终实现和谐发展的目标。在实施的过程中，深入贯彻落实科学发展观，通过协调人与人之间、部门与部门之间、地区与地区之间的关系，调整用水方式、产业结构，以和谐的态度处理人文系统与水系统之间存在的不和谐问题和因素，最终实现水资源可持续利用和经济社会长期平稳较快发展。因此，在落实最严格水资源管理制度的过程中，应始终坚持和谐论思想，促进人水和谐目标顺利实现。

（2）最严格水资源管理制度通过"三条红线"和"四项制度"，着力解决我国当前面临的严峻水问题，保障饮水安全、供水安全和生态安全，在实施的过程中尊重自然规律和经济社会发展规律，以和谐的态度处理水资源开发与保护的关系，协调生活、生产和生态用水，上下游、左右岸、干支流、地表水和地下水之间的关系，这充分体现了坚持以人为本，全面、协调、可持续的科学发展观，解决各种矛盾和问题的和谐论理念。

（3）最严格水资源管理制度是新时期水利改革形势下的治水方略，是水资源管理制度的一次重大改革。为了保障最严格水资源管理制度的顺利实施，系统地提出了用水总量控制制度、用水效率控制制度、水功能区限制纳污制度、水资源管理和责任考核制度"四项制度"，完善了最严格水资源管理的体制。在实施的过程中，考虑到各地区实际情况的不同，在进行"三条红线"指标分配时，划定不同的指标值，既保障了地区经济社会的快速发展，又保证了水资源的可持续利用。这体现了采用系统论的理论方法解决多方参与问题的和谐论理念。

（二）和谐论在最严格水资源管理制度研究中的应用

（1）运用和谐论五要素对最严格水资源管理制度"三条红线"进行解读。水资源开发

利用控制红线主要是针对水资源开发利用的取水环节，实现对流域和区域取用水总量的严格控制。在制订流域水量分配方案时，各行政区为了满足经济社会发展对水资源的需求，都希望获得更大的水资源分配量，但是流域可利用的水资源总量是有限的，这势必会加剧各行政区之间的取水矛盾和人类社会发展与生态环境之间的矛盾。为了正确处理各行政区之间、人类社会发展与生态环境保护之间的矛盾，可以基于和谐理论，从和谐论五要素的角度来剖析流域水量分配问题，制订科学合理的流域水量分配方案。流域水量分配问题的和谐论五要素见表 15-3。

表 15-3　　　　　　　　　　流域水量分配问题的和谐论五要素

和谐论五要素	具 体 内 容
和谐参与者	该流域内的各个取水行政区
和谐目标	流域水资源开发利用总量小于红线规定值；实现水资源与经济社会的协调发展；保护生态环境
和谐规则	在分水时，坚持水资源开发利用总量小于红线规定量，并预留出一部分空余的原则，并且要首先满足基本的生态环境用水；公平使用水资源，依据各行政区经济发展状况和水资源供需现状进行水量分配，对于经济发展快、供需矛盾突出的行政区可以适当地多分水
和谐因素	各行政区水资源开发利用现状和水资源供需矛盾；各行政区其他水源可利用水资源量；主要水功能区水质等
和谐行为	在考虑各种和谐规则与和谐因素的情况下，各行政区能够获得的水资源量

对于一个特定地区，为了使该地区总的用水效率高于用水效率控制红线的规定值，需要对各个用水部门制定科学合理的用水定额，实行严格的用水管理。用水部门一般包括生活用水、工业用水、农业用水和生态用水四方面。在制定各部门用水定额的过程中，由于水资源利用水平有限，并且用水效率的提高需要投入大量成本，因此各部门都希望本部门的用水定额被制定的大一些，这势必会导致各用水部门之间矛盾加剧。为了正确处理各部门之间的矛盾，可以从和谐论五要素的角度剖析各部门用水问题，为各用水部门制定科学合理的用水定额提供指导。用水定额制定问题的和谐论五要素见表 15-4。

表 15-4　　　　　　　　　　用水定额制定问题的和谐论五要素

五要素	具 体 内 容
和谐参与者	工业用水、农业用水、生活用水和生态用水
和谐目标	提高各部门用水效率，使区域总的用水效率达到甚至超过红线规定值；遏制用水浪费，加快推进节水型社会建设
和谐规则	结合地区总的用水效率，依据生活用水和生态用水优先的原则，制定各部门用水定额；增强各用水部门的节水意识，改善节水技术；限制高耗水工业项目建设和高耗水服务业发展，遏制农业粗放用水
和谐因素	现状的万元工业增加值用水量、灌溉用水定额、人均生活用水量、生态用水占总用水的比例等指标；各用水部门的节水技术
和谐行为	各用水部门的用水定额

水功能区限制纳污红线针对水资源开发利用的排水环节，严格控制入河湖排污总量。对于某条具体的河流，首先需要确定该水功能区的水环境容量，然后基于人水和谐理念，考虑水功能区的水环境容量，合理确定各排污点的排污量。在确定各排污点排污量的过程中，各排污单位为了降低污染物处理成本，提高自身经济效益，都希望获得更多的允许排污量，这势必会造成流域上下游之间、各排污单位之间的矛盾。为了满足水体纳污能力的要求，保证河流湖泊生态健康，需要加强流域上下游之间、各排污单位之间的协调与合作，可以从和谐论五要素的角度出发，分析各排污点的排污量分配问题。各排污点排污量分配问题的和谐论五要素见表 15-5。

表 15-5　　　　　　　　　　　各排污点排污量分配问题的和谐论五要素

五要素	具 体 内 容
和谐参与者	该水功能区内的各个排污单位
和谐目标	主要污染物的入河总量小于水体能够承纳的最大污染物总量；改善水质，保持水功能区生态健康
和谐规则	公平使用水环境容量，按照各个排污单位的经济发展状况和排污状况进行合理分配；各排污点排污水质，达到水功能区规定水质要求时才可以排放
和谐因素	水功能区水环境容量；各排污单元的污水处理能力
和谐行为	各排污单元允许的最大排污量

（2）和谐度方程、和谐评估、和谐调控在"三条红线"中的应用。和谐度方程、和谐评估、和谐调控是和谐论的主要定量计算方法，在落实最严格水资源管理"三条红线"中具有重要应用。

和谐度方程的应用主要体现在以下两方面：① "三条红线"的落实涉及多方利益相关者，各方利益相关者为了实现各自利益的最大化，会尽可能增加取水量和排污量，这将最终导致水资源过度开发和水环境污染，出现人水不和谐现象。为了解决这一问题，可以将该问题转化成和谐问题，在确定和谐论五要素的基础上，构建和谐度方程，并通过对计算参数统一度（a）、分歧度（b）、和谐系数（i）、不和谐系数（j）的分析，提出落实"三条红线"的指导性策略。②在进行水权和排污权分配的过程中，定量描述水资源开发利用控制红线，开展水资源和谐分配调控研究，解决水资源利用地区之间、部门之间、行业之间的用水矛盾问题。定量描述用水效率控制红线，研究影响用水效率的主要因素和作用大小，选择有效措施，提高用水效率总体水平。定量描述水功能区限制纳污红线，开展排污总量控制及排污权和谐分配调控研究，解决排污总量控制和排污权分配难题。

和谐评估的应用主要体现在"三条红线"绩效考核方面。"三条红线"控制指标体系是一个具有递阶层次结构的指标体系，采用"单指标量化-多指标综合-多准则集成"的和谐评估方法能够通过逐级集成计算各层和谐度，能够更好地发现"三条红线"实行过程中存在的问题，及时制订整改方案。

和谐调控的应用主要体现在实施方案的优选方面。在多组实施方案制定的基础上，以"三条红线"和谐度最大为目标，通过方案集优选方法选取最优实施方案。

第二节 基于人水和谐论的最严格水资源管理制度核心体系构建

一、最严格水资源管理制度核心体系构成

最严格水资源管理制度是一项具有鲜明中国特色的水管理制度，是在系统总结、深入思考传统水资源管理基础上的制度创新。"最严格"突出了我国水危机背景下水问题的严峻性、水管理的紧迫性，是基于我国人口问题、耕地问题、粮食问题等特殊国情，并考虑未来经济社会可持续发展需要前提下，提出的水资源管理制度。首先，实行最严格水资源管理制度，必须制定一套新的技术标准体系，来定量控制"三条红线"，考核最严格水资源管理制度的执行效果。其次，因为与以往水资源管理制度相比，最严格水资源管理制度更加"严格"，相应的行政管理体制和工作流程必然应随之变化，这就需要一套新的行政管理体系。此外，应该对应建立一套新的政策法律体系。笔者将由这三方面构成的体系称为最严格水资源管理制度的核心体系[2]。

二、最严格水资源管理制度技术标准体系

最严格水资源管理制度的落实，必须要有一整套科学合理、简便易行的技术标准体系作为技术支撑，但由于最严格水资源管理制度提出时间不长，且国内学者的研究工作多聚焦于管理指标的构建、管理效率的评估、管理制度的制定等某一方面，尚未形成相对规范的技术体系。然而，最严格水资源管理制度的落脚点就是如何将"三条红线"指标落实到相关的责任主体，并通过规范的监控手段来促进管理工作走向正规化。为此，需要从实际出发，基于人水和谐理念，构建一套由"三条红线"评价指标体系、评价标准、评价方法以及绩效考核保障措施体系组成的最严格水资源管理制度技术标准体系，为落实最严格水资源管理制度提供技术支撑。

（1）指标体系。指标体系可以分为结果指标和过程指标。作为结果指标的"三条红线"指标的科学确定，是实行最严格水资源管理制度的前提和基础。由于我国水资源管理工作的复杂性，要想全面、客观、真实地反映出水资源管理水平，必须构建一套比较科学、完备的过程指标体系。目前水利部已提出了"三条红线"指标的初步设计方案，但是具体在实际应用中，需要进一步考虑人水和谐的各个方面和目标要求，完善和制定本区域的"三条红线"结果指标和过程指标。

（2）评价标准。在指标体系建立的基础上，还要划定相应的衡量标准作为检验"三条红线"控制好坏、判别水资源管理水平优劣的依据。目前水利部已给出了省级行政区层面的"三条红线"指标控制标准，但由于不同地区的水资源条件、管理水平、管理方式存在较大差异，很难用同一标准对所有地区进行衡量，因此如何提出一个制定具有普适性评价标准的方法，就显得尤为重要。在对我国不同地区水资源管理特点、差异比较的基础上，应按照评价标准确定原则，参考人水和谐量化研究方法，制定"三条红线"指标评价标准。

（3）评价方法。在确定了指标体系和评价标准之后，还需要选择比较科学的评价方

法。在对目前国内外已有评价方法总结分析的基础上，遵循客观公正、实事求是的原则来选取评价方法。可供选择的方法有"单指标量化-多指标综合-多准则集成方法"、模糊综合评价方法、层次分析方法等。

（4）绩效考核保障措施体系。在指标体系、评价标准、评价方法的基础上，需要构建实行最严格水资源管理绩效考核制度有关的相关技术标准和手段，包括绩效考核目标、准则、责任主体和考核对象、目标要求、层级考核操作流程和步骤、考核单位和监管部门的具体要求和责任，以及有效落实绩效考核的管理办法和保障措施。为了确保最严格水资源管理制度的实施，必须有一套完善的保障措施，主要包括科技支撑保障（包括水文科技工作、水资源调控技术、数字流域及水利现代化工作等）；"三条红线"指标选择和控制措施；水资源管理责任和考核制度；水资源管理体制和投入机制；政策法规和社会监督机制。

三、最严格水资源管理制度行政管理体系

与以往的水资源管理制度相比，最严格水资源管理制度主要体现在"最严格"，这会在以往水资源管理矛盾尚未完全解决的基础上可能又增添新的矛盾和难题，以往形成的水资源管理行政体制和工作流程可能不适合"最严格"的要求。所以，势必需要研究最严格水资源管理制度下行政管理需要改进哪些方面、需要建立一个什么样的行政管理体系，从而建立、健全或者完善若干关键性的政府管理机制或措施。

（1）一体化用水总量调控和许可审批机制。2002年颁布实施的《中华人民共和国水法》第12条规定："国家对水资源实行流域管理与行政区域管理相结合的管理体制"。但是，10多年过去了，目前仍存在部门之间、流域管理机构和行政区域政府（或其部门）之间、不同行政区域之间、不同级别的政府（及其部门）之间在水资源管理方面职责不清、分工模糊、行为随意、运转不灵的机制性问题。在取用水总量控制方面，应该基于人水和谐理念及和谐论思想，研究如何建立科学上合理、实践上可行的流域管理与行政区域管理相结合、不同级别行政区域管理相结合的用水总量调控和许可审批工作机制。

（2）基于用水定额的取水权交易机制。对于通过采用节水技术和加强管理措施，导致用水效率提高，从而节约下来的取水权指标，需要研究设计出一套取水权交易制度。该取水权交易制度应当基于人水和谐理念及和谐论思想，利用市场机制规律而设计，建立起和谐的用水机制和取水权交易制度。只有这样，才能够不仅有利于鼓励公众提高用水效率，而且能够确保提高用水效率者有利可图。否则，用水户缺乏提高用水效率的积极性，只会被动地实施节水措施。

（3）基于水域纳污能力的排污权交易机制。建立充分反映水域纳污能力这一自然资源稀缺程度和经济价值的排污权交易机制，基于人水和谐理念及和谐论思想建立排污总量分配方案，可以提高纳污能力的配置效率、充分发挥可以流通部分的排污权的经济价值，引导企业约束排污行为、减少污染物排放量，形成减少排污的内在激励机制，促进经济增长方式的转变，保护水生态，促进人与自然和谐共处。

四、最严格水资源管理制度政策法律体系

针对最严格水资源管理制度落实过程中现有政策和法律体系存在的问题，就法律保障

的关键性措施进行研究，构建适应最严格水资源管理制度的政策法律体系。

（1）水科学知识教育的法律规制。我国在政策上虽然鼓励进行有关宣传工作，但主要是政府主管部门进行临时性的宣传，导致宣传缺乏长期性、系统性、稳定性。而水资源稀缺的严峻性却是长期的。需要借鉴其他国家在这方面进行强制性规范的经验，结合我国国情，基于人水和谐理念，以构建和谐社会为目标，提出我国的规制方案。

（2）生态环境用水保障机制。考察已有的水资源法律与政策，可以发现，需要研究以下内容：生态环境用水需求的法律地位，生态环境用水供应在水资源配置（权利）结构中的地位顺序，水资源战略、规划和计划中关于生态环境用水的规定，生态环境用水数量上的确定程序、规则或者方法，取水许可制度关于生态环境用水的内容，生态环境用水水质保护机制，生态环境用水供应的激励机制，以及紧急情况下生态环境用水供应制度。

（3）"违法成本＞守法成本"机制。在市场经济条件下，如果违法行为带来的经济效益大于该违法行为招致的经济制裁时，不少市场主体都极可能选择实施该违法行为。因此，如果不能有效地解决"违法成本远远低于守法成本"的问题，无证取水、超取和滥取就会比按规取水更有利可图，用水户必然选择违法取水、违法排污。为此，需要研究成本-效益分析的经济学分析方法，在行政处罚或罚款措施的确定上，确保违法成本大于守法成本。

（4）水资源管理中的公众参与保障机制。公众和利益相关者参与不仅是民主政治的体现，而且是公众特别是利益相关者维护其切身利益的重要途径，也是创新政府和社会管理方式、实现善治的体现。需要从可操作性以及确定公众特别是利益相关者参与机会方面，就涉及"三条红线"的社会公众和利益相关者参与机制的健全和完善进行研究，并建立相应的保障机制。

（5）政府责任机制强化。通过完全的市场配置不仅会忽视生态安全和国家安全，而且阻碍经济结构的优化和升级，从长远角度来看，不适宜可持续发展。虽然我国在政策上明确提出要"强化政府责任""突出强调政府责任"，但是在我国现行法律规定中，关于政府责任的措词存在大量的政府或其主管部门"可以""有权"的表述，这实际上是在弱化政府责任，而不是强化政府责任。需要通过逐一甄别，将政府责任确定为一种法律义务、一种"应当"履行的义务，而不是一种可为可不为之事。

第三节 人水和谐论在最严格水资源管理制度中的应用

一、人水和谐论在落实"三条红线"中的应用

"三条红线"分别与人水和谐的取水和谐、用水和谐、排水和谐3个过程相对应。水资源开发利用控制红线重点是对各类水源的开发利用量和区域水资源开发利用总量进行控制，保证水系统的健康发展，实现取水过程的和谐。用水效率控制是针对用水低效问题，通过强制性手段提高各行业和区域综合用水效率，实现用水过程和谐。水功能区限制纳污控制是指通过核定水域纳污能力，科学划定水功能区纳污红线，逐步改善水环境质量，实现排水过程的和谐。

1. 人水和谐论在"三条红线"控制指标体系构建中的应用

构建"三条红线"控制指标体系的本质是选取重要的控制过程和控制要素，细化"三条红线"管理目标，使其更具有可操作性。然而，水资源管理是一项复杂而又庞大的系统工程，过程复杂，要素众多，如何在众多的过程和要素中筛选出合适的控制要素，一直困扰着广大水科学工作者。从"三条红线"与三大和谐过程的对应关系可以看出，"三条红线"控制指标体系的构建可以从实现取水和谐、用水和谐、排水和谐的需求出发，选取代表性指标，构建基于人水和谐理念的"三条红线"控制指标体系。

2. 人水和谐论在"三条红线"控制标准确定中的应用

确定"三条红线"控制标准的本质是基于水资源可持续利用与经济社会发展用水需求之间的博弈关系，确定取水量、排污量的上限值以及用水效率的下限值。人水和谐思想对"三条红线"控制标准的确定具有重要的指导意义，在确定红线控制标准时，需要同时考虑水资源可利用量和水环境容量的限制与经济社会发展用水和排污需求，寻求两者之间的平衡。

3. 人水和谐论在"三条红线"量化评估中的应用

"三条红线"量化评估是指对"三条红线"管理目标的完成程度进行科学合理的综合评价，是一个多指标综合评价问题。人水和谐评估方法是一种多指标综合评价方法，该方法通过对单指标评价结果的逐级集成，最终得出综合的评价结果，便于对比分析各条红线的目标完成程度，可以应用于"三条红线"量化评估。

二、人水和谐论在建立"四项制度"中的应用

1. 人水和谐论在用水总量控制制度构建中的应用

（1）建立建设项目水资源论证制度。坚持人水和谐思想，在流域和区域层面进行水资源统一规划，优先满足居民生活用水的需求，保障供水安全和饮水安全；做好防洪规划，减少甚至避免洪涝灾害对人民生命财产造成的威胁。在此基础上，将水资源在各行业各部门之间进行科学合理规划，充分发挥水资源的多种功能，使水资源综合效益最大，也就是使人水和谐程度总体最大。

（2）建立取用水总量控制制度。坚持人水和谐思想，构建覆盖流域以及省、市、县三级行政区的取用水总量控制指标体系，确定各控制指标的控制标准，并以严格的手段进行管理。另一方面运用经济手段，建立水市场，鼓励水权交易，通过市场调节机制，激励流域和区域减少取用水量。

（3）建立取水许可审批机制。坚持人水和谐思想，严格控制流域和区域的取水总量，避免对水系统造成不可逆转的破坏。取水总量接近甚至超过区域水资源开发利用红线控制标准的地区，对于新增用水项目的审批实行严格控制甚至停止审批。

（4）建立地下水管理和保护制度。坚持人水和谐思想，统筹考虑地下水可持续利用和经济社会发展对地下水的需求，逐步削减超采量以实现地下水的采补平衡。对地下水超采严重地区，一方面科学划定地下水的禁采和限采范围，尽力避免地下水超采现象进一步恶化；另一方面积极采取地下水回灌补给等措施，努力修复地下水超采区的生态环境。

2. 人水和谐论在用水效率控制制度构建中的应用

（1）建立节约用水管理制度。坚持人水和谐思想，统筹考虑工业、农业、生活等方面

用水的差异和节水潜力的不同，采取不同的节水措施。在工业节水方面，通过调整产业结构，改进生产工艺进行节水；在农业节水方面，通过调整种植结构，采用高效的节灌技术进行节水；在生活节水方面，通过宣传节水知识，提高公众的节水意识，同时制定科学合理的水价制度进行节水。

（2）建立计划用水与定额管理制度。坚持人水和谐思想，在制定行业用水定额的过程中，理性认识不同地区不同行业之间在用水效率方面的差异，结合国家标准、地区实际情况，制定科学合理的行业用水定额，同时以发展的眼光，及时修订本区域内各行业的用水定额。在制定各用水户用水计划的过程中，既要考虑各用水户的用水需求，又要考虑区域用水总量和纳污能力的限制，系统考虑社会效益、经济效益和生态效益，以综合效益最大化为原则，制定科学合理的用水计划方案。

3. 人水和谐论在水功能区限制纳污制度构建中的应用

（1）建立排污总量控制制度。坚持人水和谐的原则，考虑经济社会发展的排污需求，划定水功能区限制纳污红线控制标准，并统筹考虑用水效率、经济效益、社会效益等多方面因素，运用和谐度方程，将该控制标准在各排污口之间进行科学合理分配。对水体污染严重的地区，严格限制审批新增取水和排污口，避免水环境进一步恶化。

（2）建立饮用水水源地保护制度。坚持以人为本的基本理念，保障人民群众饮水安全。依法划定饮用水水源保护区，禁止在饮用水源保护区设置排污口；加强水土流失治理工作，防治面源污染；建立饮用水水源应急管理机制，完善饮用水水源突发污染事件应急预案，建设备用水源地，保障人民饮水安全。

（3）建立水生态系统保护和修复制度。坚持人水和谐思想，保障基本生态用水需求，保持河流的合理流量和湖泊、水库、地下水的合理水位，维持河流水生态系统健康。对于已污染的河流，加强水生态系统的修复工作，建立健全水生态补偿机制。

4. 人水和谐论在水资源管理责任与考核制度构建中的应用

建立水资源管理责任与考核制度是顺利实行最严格水资源管理制度的重要保障，也是实行最严格水资源管理制度的重要推动力。人水和谐论在其中的应用主要表现在人水和谐量化方法在水资源管理绩效评估中的应用。

参 考 文 献

［1］ 左其亭，胡德胜，窦明，等. 最严格水资源管理制度研究：基于人水和谐的视角［M］. 北京：科学出版社，2016.

［2］ 左其亭，胡德胜，窦明，等. 基于人水和谐理念的最严格水资源管理制度研究框架及核心体系［J］. 资源科学，2014，36（5）：0906-0912.